5G智联万物
轻松读懂5G应用与智能未来

5G LINKING EVERYTHING INTELLIGENTLY

孙文 ◎ 著

·深圳·

图书在版编目（CIP）数据

5G智联万物：轻松读懂5G应用与智能未来 / 孙文著. —深圳：海天出版社，2020.5（2021.4重印）
 ISBN 978-7-5507-2841-7

Ⅰ.①5… Ⅱ.①孙… Ⅲ.①移动通信—通信技术—产业发展—研究 Ⅳ.①F407.63

中国版本图书馆CIP数据核字（2020）第013572号

5G智联万物
5G ZHILIAN WANWU

出 品 人	聂雄前
责任编辑	涂玉香　吴浩帆
责任技编	陈洁霞
装帧设计	线艺设计

出版发行	海天出版社
地　　址	深圳市彩田南路海天综合大厦7-8层（518033）
网　　址	www.htph.com.cn
订购电话	0755-83460239（邮购、团购）
设计制作	深圳市线艺形象设计有限公司 0755-83460339
印　　刷	深圳市华信图文印务有限公司
开　　本	787mm×1092mm 1/32
印　　张	11
字　　数	220千
版　　次	2020年5月第1版
印　　次	2021年4月第3次
定　　价	68.00元

版权所有，侵权必究。
凡有印装质量问题，请与本社联系。

◎作者孙文先生照片

◎作者孙文先生应邀参加GIEC2016全球互联网经济大会,现场演讲并颁奖

◎作者孙文先生应邀在 TEDx 发表演讲《5G 是一颗核桃》

◎作者孙文先生应邀给华侨城讲课,分享《5G技术在旅游行业的创新应用》

作者简介

孙文

湖南洞口人,中兴网信5G应用产业研究院院长。

智慧城市专家,科普作家,高级培训讲师,5G、AI技术商业实践者,喜马拉雅FM脱口秀节目《5G智联万物》、《人工智能入门20讲》主讲。

兼任中国智慧城市论坛顾问,中国管理科学学会旅游管理专家委员会委员,中国自然资源学会资源制图专家委员会委员,湖南衡阳师范学院、湖南财政经济学院客座教授。

主持或参与的智慧城市和人工智能项目30余个,主编或参与编纂的图书有《中国智慧城市规划与建设(第二版)》、《大数据应用蓝皮书:中国大数据应用发展报告(2017)》等。

序言 一

5G 智联万物

轻松读懂 5G 应用与智能未来

从应用场景看 5G

◎ 邬贺铨

中国工程院院士
中国互联网协会原理事长、通信专家

2019 年是 5G 元年,中国在 2019 年 6 月正式发放 5G 运营牌照,到 2019 年年末中国 50 多个城市的主城区已有 5G 信号覆盖,5G 套餐预约用户数已经超过 1000 万。

随着 5G 商用,关于 5G 的书籍陆续上架,最早一批作者都是从事 5G 研发或教学的科技人员,这些书籍主要从技术上讲解 5G 的标准和原理,以从事通信技术产品开发和运维管理的专业人员和 IT 类专业学生为读者对象。大量普通读者关心 5G 是什么、5G 能做什么及 5G 有何用,但目前市场上尚缺乏面向公众的 5G 通俗读本,社会上急需介绍 5G 应用场景的简单易懂的大众读物。

《5G 智联万物》一书包含技术篇、生活篇和产业篇。技术篇说明了 5G 与 4G 性能方面的不同，但基本上不涉及 5G 的核心技术原理，避免引入深奥的内容；生活篇专注 5G 面向消费者个人的应用；产业篇聚焦 5G 面向社会的应用。在产业篇中除了宏观地讲到 5G 可与其他技术结合在工业与农业应用外，更多的篇幅是描述 5G 在社会服务的各领域应用。以 5G 应用前景为题的书在目前并不多见，可以说本书对这方面是一个很好的补充。

《5G 智联万物》一书，正如其封面文字所标明的"轻松读懂 5G 应用与智能未来"那样，本书的阅读无需通信技术基础，语言简洁、通俗易懂，列举的 5G 应用领域多样，富有想象力。作为一本 5G 应用场景的科普读物，本书适合社会公众阅读。

序言 二

5G 智联万物

轻松读懂 5G 应用与智能未来

5G 时代,中国新机遇

◎ **倪光南**

中国工程院院士

中国科学院计算技术研究所研究员、计算机专家

历史的车轮滚滚向前,2019 年绝对是极不平凡的一年。一方面,2019 年是中国 5G 商用的元年,另一方面,贸易战使中国科技发展和经济发展面临新的机遇和挑战。

5G 的到来,对于中国是一个新机遇,5G 将会对 AI 等各项技术的发展产生影响,会产生很多新的业态和新的机会。面对 5G,中国第一次有机会,比发达国家先走一步。未来,中国很有可能在通信领域持续领跑世界。

从这个意义上来讲，《5G智联万物》这本书恰逢其时，很有价值。这本书让读者轻松读懂5G创新应用，作者用通俗易懂的语言，讲述了5G给人们日常生活带来的改变以及给各行各业带来的改变，特别是对5G发展过程中涉及的AI、云计算和区块链技术等进行了生动而形象的描述。

云计算是计算机发展史上非常重要的一项技术，也是当前乃至未来很长一段时间非常实用的技术，但如何把云计算的概念、原理、优势、应用向社会公众讲清楚，这是很有挑战性的。作者用5G时代智能交通行人闯红灯的解决方案、小区共享车库等人们日常生活中常见的各类应用场景进行说明，语言简练，生动形象。

自从习近平总书记在中央政治局第十八次集体学习时强调，把区块链作为核心技术自主创新重要突破口，要求加快推动区块链技术和产业创新发展后，对于区块链的关注和讨论也越来越多。作者用"隔壁老王"的故事巧妙地描述了什么是区块链技术，再引入区块链和5G结合的各类应用场景就更容易让社会公众感同身受。

在关于未来科技和经济的发展上，作者的视野是全球性的，思考是很有深度的。

作者在描述云计算时，写道：我们的判断和决策常常囿于过往的经验和当下的环境，怎样才能揭开历史尘封之谜，看透未来演进之路？这对于每一个领导者，都极具挑战性。科学技术有自己独特的发展脉络，每一项新技术的未来发展都充满不确定性。但走独立自主的科技研发之路，大力支持国产软硬件发展，是中国科技发展的必经之路。

又比如作者判断：5G 正在助力和推动中国经济发展"三驾马车"的变革：通过 5G 新基建，做好基础设施升级，推动社会投资；5G 助力新文旅和新消费，推动消费升级；5G 赋能产业互联网，促进产业升级，也拉动出口。5G 在中国经济的发展之中，将扮演越来越重要的作用，也会推动产业互联网时代的真正到来，为各行各业的管理和效率提升全面赋能。

世界正处在新一轮科技革命之中，中国的科技实力突飞猛进，无论是研发投入、研发人员规模，还是专利申请量和授权量，都实现了大幅增长，也在众多领域取得了一批具有世界影响的重大成果。移动通信的表现尤为突出，中国非常有希望抓住 5G 的机遇，坚持自主创新，加速推进建设现代化强国的进程。《5G 智联万物》，值得推荐！

序言 三

5 G 智 联 万 物

轻 松 读 懂 5 G 应 用 与 智 能 未 来

5G 和 AI 正在成为第四次工业革命的核心驱动力

◎ 张学记

美国医学与生物工程院院士、俄罗斯工程院外籍院士
深圳大学副校长、传感器件和物联网专家

把简单的事情说复杂容易,把复杂的事情说简单很难,更何况还是用极简练优美的语言来说。《5G 智联万物》作为国内第一本讲透 5G 创新应用的专业图书,究竟要怎样让读者轻松读懂 5G 应用和智能未来?我是带着好奇心读完的。

作者用生动的语言、轻松的类比,围绕着自己的亲身经历和丰富的项目经验来展开,深入浅出,通俗易懂,完全可以说:这本书是专业技术类图书里面最具文学性和可读性的。

一方面，本书很多章节像读小散文一样，不知不觉一口气读完，比如写 1G 到 5G 的通信历史，比如对云计算、区块链技术的解读，比如写 2025 年 5G 时代的一天，又比如对未来三十年大开脑洞式的想象。另一方面，从大处看，本书是严肃而严谨的，因为作者从技术、生活、产业的方方面面，完整而直观地呈现 5G 技术及其影响；从小处看，本书又是细腻而温情的，因为文中包含了作者身为一名 80 后的许多成长细节，展现了作者对生活的热爱、对哲学的思辨、对时代的感悟。

这本书不是学术著作，就算不懂通信技术的大众读者，也可以随手取阅，随心翻阅。作者将晦涩难懂的通信技术，用更平实的语言和更接地气的事例，勾勒成一幅普通人都能看懂的 5G 未来图景。这需要作者具备较强的专业理解和转化能力，也需要 5G 应用领域真刀真枪的项目实战经验，更需要从宏观一些的视野来看待技术对产业的纵深影响。如此看来，这本书及其作者，颇为难得。

我经常给学生讲一句话，创新有两个重要因素：一是兴趣，二是需求。正所谓兴趣驱动，需求牵引。也许你会问，如何才能找到 5G 创新应用的标准答案？其实，答案从来都不是唯一的，需要我们因地制宜，结合自己的现实环境提出解决方案。本书的最大价值在于，能满足非专业背景的大众读者对 5G 技术的好奇心，激发年轻学子或年轻创业者对 5G 创新应用的兴趣，去思考各行各业可能存在的需求，进而付诸实践。

更为重要的是，我们都身处一个大变革时代的浪潮之中，如果不想陷于被浪潮裹挟前进的状态，那就应该让自己多一些选择的自主权。如何获得自主权？一方面，保持刺猬式的专注，在自己的专业领域持续深耕下去；另一方面，尽量学一学狐狸式的广博。那么，了解当下的热门技术，给自己认识世界开辟一个新的视角，是必要而迫切的。

2014 年，我出版了《智慧城市：物联网体系架构及应用》一书，在书中，我讲到的很多智慧城市和物联网的应用现在都已经成为现实。现在 5G 时代已经到来，我同意作者的判断：5G 和 AI 正在成为第四次工业革命的核心驱动力。信息化浪潮正在以前所未有的力量改变时代，塑造未来。

如果你对 5G 技术感兴趣，对未来好奇，那就尽管去读吧，相信开卷有益。同时，也真切期望有更多技术科普类作品出现，让更多的人都能更好地理解这个时代，并一起创造更好的未来。

序言 四

5 G 智 联 万 物

轻 松 读 懂 5 G 应 用 与 智 能 未 来

人类正在向第七次信息革命智能互联网发展

◎ **项立刚**
中国通信业知名观察家
智能互联网理论专家

人类社会构成无非是信息、能源、材料，一切人类文明的进步，都是这三种能力的提升与进步。大规模存储、高速度传输的能力，永远是我们追求的目标。

人类的信息已经经历了语言、文字、纸和印刷术、无线电、电视、互联网的六次信息革命，正在向第七次信息革命——智能互联网发展。

智能互联网是移动互联、智能感应、大数据、智能学习共同构建起的一个服务系统。它把人类处理各种信息的能力都整合起来，从信息传输时代转向感应时代。人类正在通过这种能力建立起一个强大的影响未来的服务体系。它不但会让社会生活更加丰富多彩，还会让社会管理的效率更高，社会管理成本更低，社会管理能力更强。而工业、农业、交通、物流、医疗等众多的领域也在新技术的影响下出现质的变化。

智能互联网的基础是移动互联。移动互联的能力，人类已经积累了几十年，从模拟的蜂窝通信，到数字通信、数据通信、高速度的数据通信。人类经历了第一代移动通信到第四代移动通信的过程。5G 时代，人类对于移动通信的愿景提出了更高的要求，增强的高速度移动宽带、大容量的接入、可靠性强的网络，这些都是人类以前从来没有达到的高度，甚至是完全不敢想象的创造与能力。

对于所有传统领域而言，智能互联网不是独立的，而是会渗透到一切传统的行业，会改造、提升、改变这些传统行业，为传统的领域带来新的活力。

在所有的信息革命发展过程中，走在前面的都是获益者，都能通过信息革命获得更多的资源、能力和机会，而那些抵制、观望、贬斥、嘲讽者最后也会跟着成为用户，享受信息革命带来的好处。

走在信息革命的前沿，感受信息革命的冲击，寻找属于自己的 5G 机会，是提升社会生存能力、帮助人类改变命运的力量。

因此，我们不但需要建设 5G 网络，也需要从业务模式、业务类型、业务特点、业务走向等各个角度对 5G 进行分析、研究，让更多人了解 5G、理解 5G，看到 5G 的前景，找到 5G 的机会。

《5G 智联万物》是一本面向大众、不需要通信专业知识就能轻松读懂的 5G 应用类图书。该书对 5G 的很多创新应用和新机遇做了充分解读，进行了很多极具价值的探索。相信这本书一定会带给读者更多启示，期待大家能够走近 5G，和作者一起思考，一起研究，一起寻找到属于自己的 5G 机会。

推荐语

5G 智联万物
轻松读懂 5G 应用与智能未来

　　作者用浅显易懂、简练质朴的语言和形象生动、通俗有趣的故事从技术、生活和产业的角度憧憬了 5G 智联万物的时代。这是一部不可多得的介绍 5G 技术和 AI、云计算、区块链等新兴技术相互结合从而智联万物的科普作品。

◎ **杨天若**

加拿大工程院院士
华中科技大学教授、计算机和区块链专家

　　改变这个世界的，除了思想还有技术。《5G 智联万物》的作者孙文先生用洞见未来的思想，巧妙而有趣地解读了 5G 这个改变未来世界经济版图的技术。5G 未来已来，值得期待。

◎ **管清友**

如是金融研究院院长、经济学家

　　科普即公益。在任何一个时代，知识分子都应该扮演起传道授业的角色。如果这位知识分子能够独立思考又能够深入浅出，以大家喜闻乐见的方式来传播新知识，那真是积功德的事情了。看过了《5G 智联万物》，我确信，孙文先生正是这样的人。

◎ **尹烨**

华大基因 CEO

孙文院长的这本 5G 新书，内容深入浅出、行文生动活泼，是一本了解 5G 和 AI 等新技术新业态的好书。相信读了该书的读者都会大有收获。

◎ **余淼杰**

长江学者、北京大学博雅特聘教授

随着 5G 和人工智能时代的到来，生产力水平的不断提高，第三产业将迅猛发展，人们对休闲度假产品的消费需求也发生了重大变化。《5G 智联万物》一书就"5G+ 新文旅 + 新消费"的模式打造进行了深入探讨，也为休闲度假这个大市场探索出了 5G 时代的新模式。

◎ **洪清华**

景域集团董事长、驴妈妈旅游网创始人

作为下一代移动通信技术，5G 通过与人工智能、大数据、区块链、AR、VR 等新技术结合，将对社会的发展起到指数级的推动作用。这些日新月异的技术，虽然让人眼前一亮，但很多概念又让人难以理解，而《5G 智联万物》将晦涩难懂的专业知识通过通俗易懂的文字和生动形象的故事，向人们描绘了"智联万物"的技术方向和应用场景。5G 并不只是大国博弈的战略焦点，也不仅仅是科学家、工程师脑子里的公式理论，而是即将到来的、每个人都触手可及的精彩生活，是每个行业下一个的颠覆性发展机会。让我们跟随着《5G 智联万物》，一起拥抱 5G 未来新世界！

◎ **陈宁**

AI 独角兽深圳云天励飞董事长兼 CEO

4G改变生活，5G改变世界，5G也将使人们从消费互联网时代进入产业互联网时代。2019年是5G商用元年，现在5G的基础建设正在如火如荼开展中，全球都在探索5G产业互联网应用的新模式。《5G智联万物》这本书用轻松活泼的语言，合理而丰富的想象，结合大量的实践经验，描绘了5G给十几个行业带来的巨大变化，让智能未来值得期待。

◎ 王英杰

中国科学院地理科学与资源研究所研究员、地理和旅游信息化专家

孙文先生的大作《5G智联万物》，打开了一扇5G神秘的窗户。5G很火，但5G究竟是什么？许多人并不是很清楚。所以，这是一部非常好的关于5G的科普读物。5G在体育和休闲体育领域的应用，也将迎来一次大的爆发，因为5G将会最大可能地被应用到体育场馆、体育赛事、体育旅游、健身休闲以及与体育运动相关的所有领域。我把这一本书推荐给国内外体育界和休闲体育方面的朋友们，相信他们也会从中受益。

◎ 李相如

世界休闲体育协会主席

孙文先生的大作《5G智联万物》是关心中国5G应用的中国读者的福音，本书以浅显易懂的方式解读了5G对人们未来生活与工作的巨大影响力，是一部难得的5G科普读物。我毫无保留地推荐这本书给广大读者和科技工作者。

◎ 谢志峰

畅销书《芯事》作者、芯片专家

5G 正在改变世界，世界会因为 5G 的推动而变得更加完美。孙文院长的有关 5G 方面的大作，从大量的实践出发，对 5G 的应用前景进行了非常透彻的分析，提出了非常有价值的见解，不容错过。

◎ 国世平

深圳大学当代金融研究所所长、国家战略推进委员会专家委员

中国的 5G 和人工智能的发展最有想象空间。资金、技术、人才、制度、广阔的市场和海量的优质数据都占尽优势，5G 和人工智能的未来尽在中国。《5G 智联万物》一书，以通俗易懂的方式诠释了 5G 和 AI 等技术必将给生活及产业带来革命性的改变。

◎ 吴霁虹

AI Bussiness Lab 联合创始人、全球化竞争与创新管理学家

5G 是这两年的高频热词。然而，对于普通百姓而言，5G 似乎离得很近，又似乎离得很远。离得近，是因为 5G 的标识在生活里随处可见，让人耳熟能详；离得远，是因为人们对 5G 其实并不了解，特别是 5G 与日常生活究竟有什么关联。孙文先生的新作《5G 智联万物》，第一次使人们得以零距离地接触 5G，作者以通俗有趣的语言，生动活泼的事例，向读者展示了 5G 对于人们未来生活的革命性影响。在 5G 的影响下，人们将拥有更加方便快捷的生活；更加丰富多彩的文化娱乐；更加公平合理的医疗和教育服务；更加个性化的职业以及更加广泛的社交圈子和更加安全的互联网环境。5G 是智联万物的时代，让我们随着作者轻轻翻开的书页，去领略这个已经来临的时代新奇绚烂的美好生活。

◎ 张润生

中国旅游出版社社长兼总编辑

自序

5G 智联万物

轻松读懂 5G 应用与智能未来

日拱一卒,不期速成

2015 年,爷爷走了。

爷爷常说:播种希望,未来就稻脂流香。

爷爷是我的精神图腾。爷爷一生勤勉,从未懈怠。八十可上房捡瓦,近九十仍坚持下地劳作。不骄不躁,不卑不亢;不困于内,不囿于外;正己修身,少说多做,身教甚于言传。

爷爷走后,故乡空了。总安慰自己,不用太伤感,未知的,也是美好。

说实话,未知的不确定,总让人害怕。人离开后去了哪里?没人知道。宇宙之大，玄妙无比。以人的视角观世界，生命诚可贵；以宇宙的视角看人类，沧海只一粟。如果度己之外还能度人，那必是更为有趣的灵魂，更为精彩的人生。如果度人之外还能窥见点宇宙的奥妙，那必有更为宏大的视野，看到更为壮美的画卷。

从粒子层面讲，物质不灭，会一直存在，只是形态转换而已。精神属于意志，意志归于意识。文字、声音和影像，是物质和意识的结合，并对物质和意识进行传承繁衍。薛定谔说生命生于负熵，人类自身秩序性越好，能量越大越持久，传播力越强。所以这些年，我相信爷爷从未走远，因为他传递给我的精神力量一直都在。

我总设想着，我们能否站在未来看现在？

5G 和 AI 正在成为第四次工业革命的核心驱动力。

目前来看，AI 的算力、算法和大数据这三大基石已然成熟；5G 的大带宽、广连接和低时延三大特性也正在全面驱动产业互联网时代的到来。

未来，不管是新文旅、新消费、教育、医疗等行业，还是在自然语言处理、图像识别、语音识别、机器人、无人驾驶等领域，5G 和 AI 作为底层技术正在加速为各行各业全面赋能。

看过往问题很多，看现在挑战不少，但看未来，一场技术驱动产业升级带来的变革正在悄然进行中,一场 5G 和 AI 掀起的信息化浪潮已然到来。

这波浪潮中,毫无疑问,中国的机会最大,而我们正身处其中。5G 正在助力和推动中国经济发展"三驾马车"的变革:通过 5G 新基建,做好基础设施升级,推动社会投资;5G 助力新文旅和新消费,推动消费升级;5G 赋能产业互联网,促进产业升级,也拉动出口。

回到当下,感恩生命。

记得 2019 年 9 月的一个周二,鼻子莫名其妙,三次大出血。

说实话,那一刻,内心是惶恐的。晚上,自己在心里把各种可能性都推演了一遍,做了最坏的打算。第二天早上,一个人默默地去做了个体检。结果出来,松一口气,医生说没什么大问题,可能只是小时候摔伤的后遗症。感谢上天不杀之恩,那一刻竟体味到了向死而生,最美的遇见,也是最好的安排。感谢我的爱人和孩子,感谢我亲爱的爸妈,你们才是最珍贵的。

感谢生命中遇见的那些亦师亦友的人生导师:王英杰、张建永、田茂军、王江生、萧和平等。感谢我的初中班主任周育萍老师,这个世界无比神奇的画卷是在您的描绘中一点点在我面前打开的。感谢对这本书的出版有着极大帮助的聂雄前先生,感谢张绪华、涂玉香两位的信任。特别要感谢心灵驿站的掌柜谢宜云先生,她虽是一位女士,但在我心中她就是一位先生。她有魏晋之风，品行高洁，令人敬仰。最后一个要感谢的是洞口一中的大师兄，也是我的同乡张小龙先生，向您致敬，您所践行的产品经理的价值观，以及您的微信建立的连接，正在为改变这个世界创造越来越大的价值。

2019年国庆长假，去看了电影《攀登者》，要向所有为国为家为创造价值勇于攀登的人致敬。但出发之前，先想清楚为什么攀登。如果只是为了锻炼意志，展示力量，那就别去了，珠峰需要的不是征服，而是敬畏和尊重。陪伴家人，善待友人，努力工作，创造价值，关照好自己的内心，这比征服珠峰更有意义，也需要更多的智慧和意志。

最后，必须要说说我的爱好，我喜欢跑步。

我的体重曾经接近160斤，这是很多现在认识我的朋友肯定没想到的。2013年在南京，我开始跑步，每天3~5公里，一旦爱上后，根本就停不下来，就这样一直跑到现在。其实，流逝的不是时间，是我们，再长的路，坚持一下，就能到达。试想下，待到90岁，每天早上，胡子发白的我领着60岁的儿子、30岁的孙子、5岁的曾孙一路小跑，挥汗如雨，这画面该是多么温馨和浪漫。

日拱一卒，不期速成，相信坚持的力量。5G时代，祝福未来。

Ready？

让我们来开启一场跨越时空的 5G之旅

目 录

第一章
智联万物：5G 技术篇
轻松读懂 5G 技术和背景故事

4G 改变生活，5G 改变世界　/ 003

从 1G 到 5G，细说移动通信技术的发展历程　/ 011

5G 发展的中国优势　/ 019

美国想越过 5G 直接发展 6G，那是不可能的　/ 029

苹果 3G 时代的传奇和 5G 时代的危机　/ 037

AI 时代，云计算和 5G 最配　/ 044

5G 网络切片，让你抢红包总是快人一步　/ 051

区块链是 5G 万物智联的安全保障　/ 060

5G 将给我们的生活带来怎样的改变？　/ 073

5G 时代的职业规划该怎么做？　/ 080

我们什么时候可以用上 5G 手机？　/ 088

电信诈骗在 5G 时代会被彻底根除吗？　/ 095

"反 5G"行动究竟反的是什么？　/ 101

第二章
时空之门：5G 生活篇
轻松读懂 5G 给我们日常生活带来的改变

第三章

风口起势：5G 产业篇

轻松读懂 5G 给各行各业带来的改变

5G 开启产业互联网时代　　/ 113

传媒：信息上云，5G 构建新媒体梦工厂　　/ 121

农业：5G+AI，助力水稻增产增收　　/ 132

医疗：5G 时代，远程医疗将有效解决目前医疗资源不足的问题　　/ 142

医疗：5G 时代，每个人都可以拥有一个 AI 健康助手　　/ 152

工业：工业互联网从"5G＋"到"5G×"的核聚变　　/ 161

家居：5G 时代令人惊艳的智能家居生活　　/ 175

北斗：北斗厘米级定位结合 5G 万物互联，会有怎样的化学反应？　　/ 183

教育：5G 如何解决教育的创新性不足等问题　　/ 190

教育：5G 如何提升教育的效率和解决教育的公平性问题？　　/ 198

旅游：5G+AI，智慧旅游新体验　　/ 207

旅游：5G 和 AI 技术在红色旅游方面的创新应用探讨　　/ 221

旅游：红色旅游，百年阅兵，脑洞大开　　/ 230

VR：5G 的杀手级应用，会是 VR 和 AR 吗？　　/ 237

物流：5G 让天下没有难送的快递　　/ 245

汽车：5G 无人驾驶，智能的路，智慧的车　　/ 256

汽车：5G 时代，个人定制汽车将成为现实　　/ 264

零售：5G 和新零售的结合，将极大提升用户的线下体验　　/ 274

环保：5G 时代，智慧环保将还我们青山绿水、碧海蓝天　　/ 286

无人机：从电影《烈火英雄》和《上海堡垒》看 5G 结合无人机的创新应用　　/ 295

社区：5G+AIoT，重新定义社区未来人居生活　　/ 303

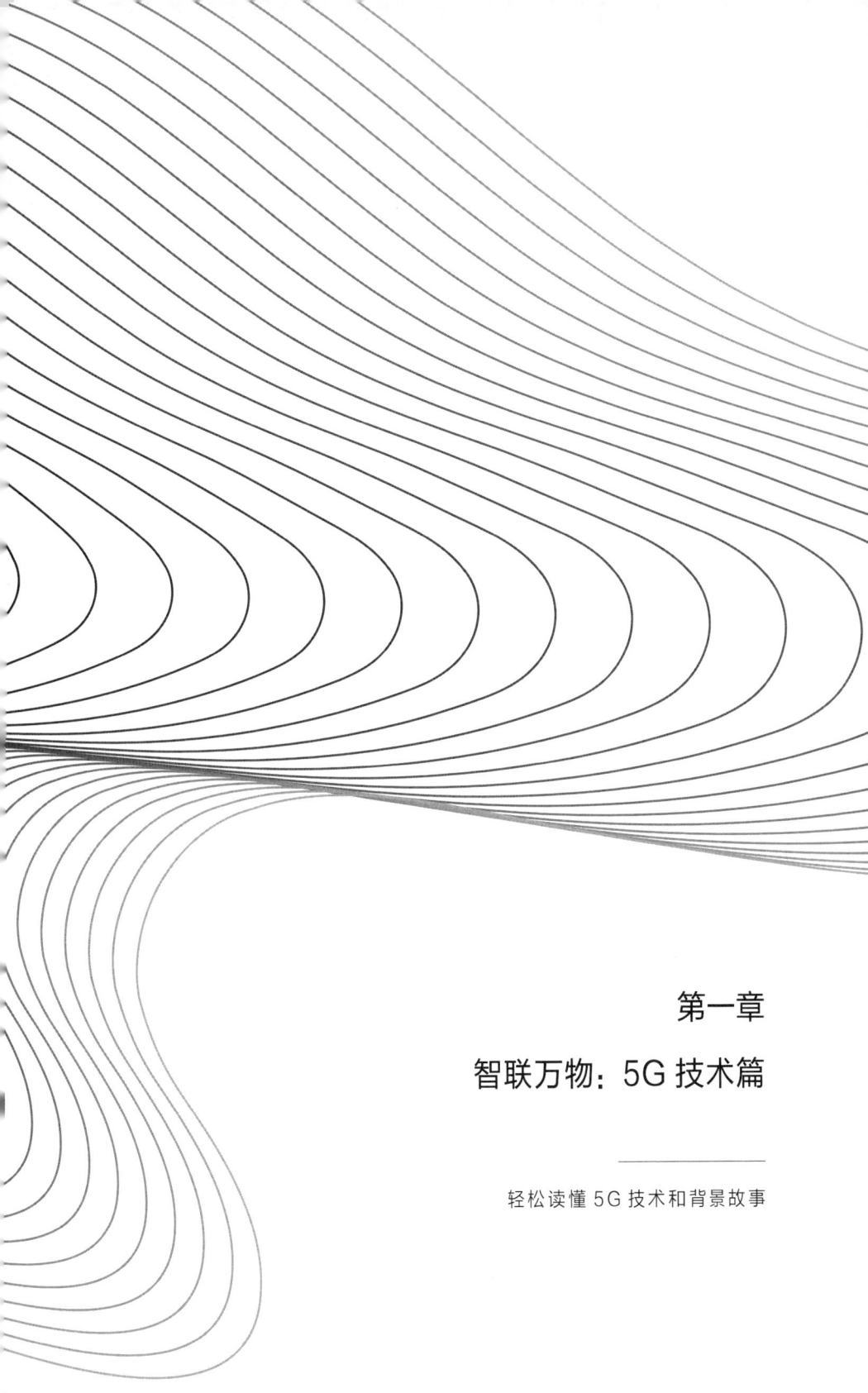

第一章

智联万物：5G 技术篇

轻松读懂 5G 技术和背景故事

4G 改变生活，5G 改变世界

2019 年 6 月 6 日，工业和信息化部向中国电信、中国移动、中国联通、中国广电四家运营商发放 5G 商用牌照，标志着中国正式进入 5G 商用元年。

事实上，早在 2018 年 12 月，工信部就已经向中国电信、中国移动、中国联通三大运营商发放了 5G 系统中低频段试验频率使用许可。这有力地保障了各基础电信运营公司开展 5G 系统试验所必须使用的频率资源，也将进一步推动我国 5G 产业链的成熟与发展。

移动通信技术发展的三大特点

5G 就是第五代移动通信技术，既然有第五代，自然前面就有四代通信技术。回顾过去发现，通信技术的发展历程呈现三个特点：

第一，基本上每隔十年就有新一代技术出现。例如1G是在1980年左右出现的，2G是在1990年左右，3G是在2000年左右，4G是在2010年左右，5G就是在2020年左右，中国只是把它的正式商用时间提前了一年。

第二，大部分的专家都形成这样一个共识，那就是：奇数代都是重大技术变革，而偶数代都是对它上一代技术的补充。比如，1G、3G、5G，技术上的跨越是非常大的，因为1G实现了空间跨越的互通电话，3G实现了空间跨越的移动上网。而相比之下，2G只是1G的延展和完善，让移动电话承载更多通信功能，使得我们的通话质量更好；4G也只是3G的延展和完善，让手机承载更多互联网连接功能，使上网变得更快，二者在技术上并没有跨越性的发展。而今天5G的技术变革所带来的万物互联，对世界的改变也是非常大的，毫无疑问这将是一次革命性的突破。

第三，基本上每一代都会出现商业霸主，例如1G时代，美国的摩托罗拉（Motorola）风靡全球，其中，摩托罗拉的"大哥大"手机成了那一代人记忆中永恒的经典。那个时候，基本上大家都会把摩托罗拉手机称为"大哥大"，因为它非常笨重，甚至有人开玩笑说，"大哥大"有两个主要的附加功能，第一个是用来砸核桃，第二个是在遇到伤害时用来防守打人。

到了2G时代，占据商业霸主地位的变成了芬兰的诺基亚（Nokia），而且以绝对压倒性的优势长期占据统治地位。作为一个80后，我仍旧清晰记得，诺基亚手机非常耐用，也常开玩笑说，诺基亚相对于"大哥大"来说,它仍旧能用来砸核桃,但已经不能用来打人了,因为它的个头非常轻便小巧。

到了 3G 和 4G 时代,商业霸主变成了美国的苹果(Apple)和高通(Qualcomm),其中,高通作为移动芯片领域的领跑者,垄断了整个移动通信市场,而苹果公司硬是凭借着苹果手机和苹果商店 App Store 搭建了一个移动互联网的生态圈,当然也给我们的生活带来了极大的改变。苹果公司创始人史蒂夫·乔布斯(Steve Jobs)也因此成为一个伟大的产品经理,只可惜天妒英才,他英年早逝。乔布斯时代的苹果公司是"工匠精神"的代表,如果乔布斯还在世的话,相信苹果公司还能够继续创造更多的奇迹,甚至在万物互联时代,设计出更为惊艳的产品来!

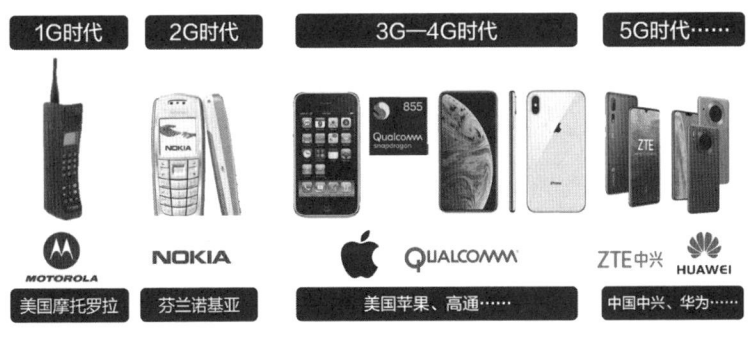

各个通信时代的商业巨头及其代表产品

5G 时代,已经到来。关于未来的商业霸主到底会是谁,外界有很多种猜测。在国内,很多人所期待的霸主无疑是中兴和华为,这是中国在 5G 时代的两家领军企业,二者能否扛起 5G 的大旗?我们拭目以待。

5G 技术的三大特点

按照通用说法，5G 技术有三大特点，分别是：大带宽，广连接，低时延。

首先，所谓"大带宽"，也就说明它的通信速度更快。4G 网络的下行速率能达到 100~150Mbps，比 3G 快 20~30 倍，但 5G 是它的 100 倍，也就意味着你在 5G 时代用手机下一部 10G 的高清电影，基本上不到 1 秒就下载完毕了。而在 4G 时代，同样一部电影需要一分多钟才能够完成，这个体验是非常棒的。

5G 会带来很多应用上的改变，主要体现在两个方面：一个是看视频；一个是体验虚拟现实（VR）和增强现实（AR）内容。先说用手机看电影，4G 时代，看 720P、1080P 电影，都觉得非常惊艳，但在 5G 时代，用手机看一个 4K 甚至是 8K 的高清大片，是能够轻易实现的，想想都令人期待。

再看看 VR 和 AR 相关应用，虽然 VR 和 AR 在 4G 时代也非常火，但是它们一直存在三大问题：第一，设备太重；第二，画质不好；第三，佩戴一段时间后，人很容易头晕目眩，整体上的体验感并不是特别舒服。一旦体验不好，大众接受度就低，导致大范围商用的难度就增加了。

到了 5G 时代，由于速度更快，而且加上云计算的一些相关能力，基本上不存在上述三大问题。试想未来，虚拟体验和现实世界结合起来的场景，一定令人非常惊艳，至少对于宅男来说，这将是一个极大的福音，因为宅在家里通过戴上一个轻便自如的 VR 设备，就可以和心目中的女神来一次亲密的约会，这在 5G 前夜听起来还有点不可思议呢。

5G 技术的第二大特点，是"广连接"，真正给世界带来改变的，就是它能实现更多连接，带来万物互联的极致体验。

"广连接"带来的应用，以及给我们生活带来的改变，可以从家居和社交两个视角来看看。

5G 具有大带宽、广连接、低时延三大特点

讲到智能家居，大家一般会想到比尔·盖茨的那一个世外桃源 2.0，也就是他的未来屋，当年他是花了大几千万美元，耗资几年才打造出来。但其实 5G 时代到来后，我们普通人只要花几万块钱，就可以体验到比尔·盖茨那种全智能化的生活体验。也就是说，5G 技术让富豪级体验走进千家万户。例如，我们家里的电视、电脑、洗衣机、冰箱、空调、扫

地机器人、洗碗机等家用电器，都可以连接上网，甚至包括厨房里的锅碗瓢盆，也可以连接上网，人们对这些设施和物件进行远程控制、智能管理与互动，为日常生活增添亮彩，多美好。

再比如社交。就算在人流密集的地方，我们上网也可以便捷和快速，以前如果在欧洲杯的现场看一场足球赛，当你近距离把 C 罗和梅西的精彩对决拍下来，想分享给你国内的朋友，发现在用户密集的高峰时段，视频根本发不出去，甚至根本连不上网。但是当 5G 时代到来后，基本上可以实现实时通信，这种体验自然是非常棒的。

但其实 5G 的"广连接"所带来的最大改变，是工业互联网。5G 支持每平方公里 100 万个连接，这也就意味着，我们在工厂里的每一个元器件都能连接上网，对于整个工业的精细化管理和效益提升，都将是极大的帮助，而这势必会重构全球工业、激发生产力，让世界更美好、更快速、更安全、更清洁且更经济。

5G 技术的第三个特点，是"低时延"，它体现于反应更快，它最大的应用场景就是无人驾驶。

我们在很多科幻片里面看到无人驾驶，总觉得那是未来的一个体验场景，现在 5G 技术让它成为现实。我们平常开车，最怕的就是堵车，但 5G 技术为智能驾驶提供信息辅助，替你规划最畅通的路线，而敏捷迅速的避让反应，让驾驶这件事情变得轻松而美好。甚至在 5G 时代，整个城市交通将由"交通大脑"来进行控制，车辆和车辆之间可以非常方便地进行连接和交互，"堵车"将成为一个历史名词。

5G 和 AI 会成为第四次工业革命的核心驱动力

都说 4G 改变生活，5G 改变世界。

其实 4G 技术已经给我们的生活带来了翻天覆地的变化，让我们每个人都过得像国王一样，比如早上起床去上班，我们可以不用自己开车，直接掏出手机打开滴滴出行或者曹操出行约个司机，很快就有一辆车停在了你的家门口。到了中午，我们饿了想吃东西，整个城市的美食都已经整装待发，只要我们掏出手机，在饿了么或者美团上点个餐，天南海北的特色美食，都能在一小时内送到你桌上。到了晚上，我们想亲自下厨给家人做一顿爱心餐，过程中突然发现油快用完了，拿起手机火速点开京东，不出 1 小时，门铃响了，油给你送到门口了……4G 的生活已然十分便利，然而，5G 技术将带领我们走向另一种生活体验，包括视频的快速传输、VR、AR 的逼真体验，工业互联网的快速应用，这些都将极大地促进整个社会政治经济和文化的发展。

当然还有另外一个判断，那就是 5G 和 AI，很有可能会成为第四次工业革命的核心驱动力。为什么？

迄今为止，人类先后经历了三次工业革命。第一次工业革命，源起于英国，发生在 18 世纪 60 年代至 19 世纪 40 年代，以人类发明并广泛地应用蒸汽机为标志，它史无前例地解放了人类的生产力，改变了社会的生产关系。

第二次工业革命，发生在 19 世纪 70 年代至 20 世纪初，以人类发现了电流磁效应、电磁感应,以及发明了直流发电机为标志,它在很大程度上解决了人们出行和通信不便等问题,人类从"蒸汽机的时代"进入了"电气化的时代"。

第三次工业革命,发生在 20 世纪 50 年代中期至今,以人类发明和应用电子计算机、生物工程、空间技术等为主要的标志,它带来了一系列信息化的成果,并将人类带向了更高级的文明。

每一次工业革命都是技术的大爆发,而技术的发展,又带来了生产力的发展,生产力的发展,又极大促进了整个社会政治、经济和文化的发展。

同样地,5G 时代已经到来,而 5G 技术也是一次重大的技术变革,而且它是底层技术,它将带来其他一系列的相关技术发展,例如 AI、大数据、云计算、物联网等,而这些发展又会反过来促进整个社会政治、经济和文化的发展。所以我们才说,4G 改变生活,5G 改变世界,5G 和 AI 很有可能会成为第四次工业革命的核心驱动力。而第四次工业革命,将会让人类进入前所未遇的智能时代。

从 1G 到 5G，
细说移动通信技术的发展历程

> 曾经年少的时候，我们都是一个自以为会爱一辈子的少年，而这个少年的所有牵挂和绵绵情话，都是通过一部诺基亚手机传递的。——题记

自从 2019 年 6 月 6 日，工信部向四家运营商发放 5G 商用牌照，运营商就按照国家的总体部署，坚定不移地落实网络强国战略，深入研究 5G 网络架构、关键技术和应用创新，积极切入 5G 产业风口，加快 5G 网络建设、业务准备、应用合作，全面加速 5G 布局。那么 5G 与整个移动通信技术的发展路径，是怎样的呢？

1G

所谓的 1G 就是指第一代移动通信技术，也就是说移动电话，在有移动电话之前，我们用的都是座机。

讲到座机，我想到一个关于我自己的故事。

我的家乡位于湖南邵阳市一个普通的县城——洞口县。20世纪90年代，我读初中，那时候家里如果能有一台固定电话，就是非常奢侈的事情了。我家没有，幸运的是，隔壁的堂妹家就有，于是我就经常去堂妹家用座机给当时的女朋友打电话！

虽然是一件很开心的事情，但是现在想想还是非常尴尬的，为什么？因为我打电话，我妹就在旁边站着监督，为什么要监督，当时的电话费太贵了，她可不能让我打太长时间！

接着讲移动电话时代，1G时代到来。

1G是一次非常重大的技术突破，它突破了有线的限制，实现了随时随地接打电话的梦想。

虽然是技术突破，但它还是会存在三大问题。

第一个问题，设备太重，那个时候摩托罗拉推出的手机叫"大哥大"，我们普通人一只手甚至都抓不住，那时候我们对"土豪"的印象，就是电影中常看到的，随身携带"大哥大"，像是握着一个砖块。第二个问题，通话质量太差，你可能打着电话一不小心电话就掉线了，信号非常容易受到遮挡，导致断断续续，例如你这会儿正在和女朋友开心地通话中，突然姚明从你身边经过，信号被遮挡，就断掉了。第三个问题，经常会串线，就是说你在跟某个人打电话的时候，一不小心就会串进别人的通话。

2G

到了 2G 时代,上述三大问题就得到了很好地解决。首先是体积得以缩小,重量得以减轻,当时诺基亚就推出了非常小巧的手机。我记得我用的第一台移动电话是波导手机,大概花了 800 块钱!当年很多人跟我一样,被波导的广告语吸引:波导手机,手机中的战斗机。现在在国内已经很少看到波导了,但在非洲还是卖得非常好,所以那句广告语,完全可以改成:波导手机,非洲市场的战斗机!

其次,2G 的通话质量也有了很大提升,因为 1G 时代用的通信是模拟信号,到了 2G 时代已经改成了数字信号,自然,数字加密技术极大提升了通话质量。同时,串线的问题也基本上不会再出现了。

当然,最为重要的是,2G 时代出现了杀手级的应用,那就是短信。

那时候手机的通话功能基本上被短信功能给覆盖了,能发短信的绝不通电话。尤其是逢年过节的时候,一天可能就有成百上千条短信发出去。

移动通话、短信息的传送突破了固话带来的不便,加之微蜂窝基站实现了无线覆盖,不管身处何处都能轻松地一键联系到任何人,"打电话""发短信"成了我们交流的习惯,不用担心路途遥远而不便接通,不用担心信件丢失让想说的话随风飘逝。

那个时候的短信业务也是运营商非常重要的增值业务收入来源,也是运营商大力发展的一项业务。这也导致很多提供 SP 业务的厂商，都在极力拓展短信业务，包括现在的商业巨头腾讯，据说当年都是靠着短信业务拯救了公司。

目前来看，2G 是陪伴人们时间最长的通信技术，从 20 世纪 90 年代初开始，持续近 20 年的发展，在巅峰时覆盖全球 85% 的人口。从 2015 年开始，国内外不少运营商陆续关闭 2G 网络，通过关闭 2G 网络，也为未来网络技术（包括 5G）释放更多的频谱。

3G

3G 也是一次非常重大的技术突破，它创造了移动互联网这样一个最为重要的应用场景。但可惜的是，虽然 3G 的标准国际电信联盟在 2000 年就制定了，但在很长一段时间，3G 一直没有出现杀手级的应用，甚至很多国际专家都在怀疑说，发展 3G 技术到底有没有必要呢？

1G	2G	3G	4G	5G
1980	1990	2000	2010	2020
语音模拟信号	语音、短信	语音、短信、互联网	视频通话、多媒体互联网	视频通话、多媒体产业互联网、工业4.0……
2.4 Kb/s	64 Kb/s	2 Mb/s	100 Mb/s	10 Gb/s

5G 与历代通信技术的速率对比

直到后来，乔布斯发布了两款产品：第一个是苹果手机，第二个是 App Store。这两款产品可以说是一次重大的技术变革，也开启了整个移动互联网的应用大门。所以说乔布斯是一个伟大的产品经理。可惜英年早逝，如果他现在还在世，相信现在的万物互联时代，苹果公司还能够带给我们更多创新性产品。

3G 时代，苹果手机不仅掀起了整个移动互联网的巨浪，也带来了个人市场和企业市场的重大变革。

先来看看个人市场，3G 技术让手机可以承载更多应用，比如看新闻、玩游戏等，那时候的网易、新浪、搜狐、腾讯，都是非常及时而全面的资讯应用，我们在上面不仅可以实时浏览全球新闻，还能通过图文直播等形式，不受空间限制，第一时间观看姚明在美国的比赛直播，甚至第一时间感受梅西进球的欣喜若狂。相较于 2G 时代，这种体验带来的愉悦和便利，是那个年代特有的记忆。

再比如，在 3G 手机上玩游戏，当时 QQ 游戏大厅非常火，打麻将、玩纸牌、下棋等。例如我们当时很多老朋友分散在天南海北，想要一起打一场麻将是很难的事，但在线上游戏普及以后，只要有人召集，大家就可以随时上线进入同一个应用坐成一桌，开始一边打牌一边聊天。这是 3G 时代给个人用户带来的一个重大转变。

再来看看企业市场，那时候有一个标准的手机企业应用产品，就是移动 OA，有了它，我们能在手机上随时随地处理邮件，沟通工作，效率得到极大提升的同时，我们也发现，随时随地都会收到老板的邮件，而且还要快速响应,再也逃不出老板的"魔爪"。

这就是 3G 时代!也正是因为 3G 技术的发展,各种各样的应用对于带宽的要求也越来越高,于是 4G 应运而生!虽然中国在 3G 和 4G 时代的起步,远远落后于其他国家,例如 3G 的国际标准是 2000 年发布的,但中国在 2009 年 1 月份才正式发放了 3G 的第一张牌照!4G 是 2010 年制定的标准,而我们是在 2013 年才真正开始商用。但中国却是后起之秀,后来者居上,通过持续创新和迭代的应用,现在已成为整个移动互联网 4G 时代的领头羊,也诞生和发展壮大了微信、美团、滴滴、抖音、拼多多等很多超级应用。

4G

我常讲一个概念,说 4G 时代到了以后,我们每个人都活得像国王一样,为什么?来看看我们的一天:

早上我们从睡梦中醒来,打开各种音频 App,例如得到、喜马拉雅、蜻蜓、企鹅 FM,喝一碗浓浓的心灵鸡汤,或者来一顿营养丰富的知识早餐,提振心情,抖擞精神。要出门的时候,打开滴滴出行、曹操出行,整个城市已经有成千上万名司机准备好,把我们送往我们想去的任何地方。

到了中午,想在办公室享用一顿美餐,不用担心外面太阳晒或者下雨,天南海北的特色美食,通过美团或饿了么在线下单,整座城市成千上万的厨师和外卖小哥都在为你服务。

到了晚上,你想在家里做几个拿手好菜款待远道而来的朋友,缺佐料,缺食材,京东到家 1 小时内送到家门口,当然,也可以打开阿里的盒马鲜生或者永辉超市的超级物种,直接点一顿美味又新鲜的海鲜大餐,方便到飞起不说,价格还实惠。

5G

4G 时代带给我们生活巨大的改变,现在 5G 时代已经到来了,都说 4G 改变生活,5G 改变世界。5G 有三大技术特点:大带宽、广连接、低时延,其实最大的特点就是能够实现万物互联。

5G 的广连接创造高价值

有句话讲得好,"要想富,先修路"。就是说,路修通了,速度就快了,而且是路修得越好速度越快,它能够带来的价值就会越高,这叫"连接创造价值",连接的价值和连接数量的平方成正比。

这其实是互联网界一个不变的真理,由于速度变得更快,未来带来的连接速度也会变得更快,产生的价值自然也就越大。另外,低时延,意味着传输速度也会变得更快。

韩寒常讲,专业赛车手和普通的士司机最大的区别,就在于反应速度更快,而且更为安全和准确,也就使得他们能够在一个专业的赛道上保持非常安全而快速的行驶。

同样,未来工业互联网以后,工厂里面成千上万甚至是几十万个零部件全部要连接上网,在低时延的技术特性下,5G 能够使得它们非常安全和精准地运行,从而让整个企业和工厂的管理更加高效和精细化,提升整个产业互联网的发展,而这必然也会带来整个社会经济和政治文化的发展。

5G 发展的中国优势

苏轼在《留侯论》里写道:"古之所谓豪杰之士者,必有过人之节。人情有所不能忍者,匹夫见辱,拔剑而起,挺身而斗,此不足为勇也。天下有大勇者,卒然临之而不惊,无故加之而不怒。此其所挟持者甚大,而其志甚远也。"当年在《古文观止》里读到这一段时,我的精神不禁为之一振。中华五千年文明教会了中国人隐忍和担当,这是中国人特有的智慧。

方今天下,世界面临百年未有之大变局。大国之间的竞争,除了政治、经济、文化、军事,还有文明和智慧,当然最重要的还是科技实力。5G 的发展和竞争毫无疑问已经立于风口浪尖,一个国家想要在 5G 时代领先,需要先进技术的积累、行业领先的公司和足够的规模。中国厂商在 5G 技术领域已进行了大量储备,此外,中国在规模方面拥有得天独厚的优势,这些都为中国加快进入 5G 时代奠定了基础。

制度优势

中国在 5G 发展上的第一个优势是制度优势。

5G 网络属于基础建设,中国一直被称为"基建狂魔"。毫无疑问,中国在发展基础建设方面,有着非常惊人的成就和优势。

简单回顾一下,过去 40 年,中国建设了全球最长的高速公路网络;用了 10 年左右的时间,建设了全球最长的高速铁路网络。这都是让其他国家和民众非常羡慕的。正是因为道路的建设,让整个社会资源与人之间实现了高效流通。这一点,每一个中国人,或者来中国的外国人,都深有体会。

2005 年左右,我去贵州东部考察。由于目的地身处山区,交通很不便利,火车转乘汽车,来回倒腾且不说,关键是时间特别长。到了 2019 年,当我再次去贵州的黔东南州考察时发现,今时已然不同往日了。

首先,黔东南州有两条高速铁路贯穿其中,基本上是县县通高速。我们的考察任务是要跑 6 个县市,由于交通网络非常发达,我们只用一个星期就圆满完成了考察任务,全程都没有舟车劳顿的困乏感。中国有句老话:"要想富,先修路"。通过交通网络的改善,贵州这些年的经济发展也突飞猛进,不仅来这里旅游和工作的外地人多了,本地经济和文化也走向了全世界。

中国的铁路建设如此,通信网络建设也同样如此。虽然中国从

2013 年才开始启动 4G 建设，但只用了短短几年时间，中国就搭建了一张全球最大的 4G 网络。

截止到 2018 年年底，中国的 4G 基站是 372 万个，占了全球将近 80% 的份额。对比之下，这个数据已经是美国的 10 倍有余。

与中国目前的 5G 建设热潮相反，美国从 2017 年开始就说要启动 5G 建设，但到现在一直没有太大进展。特朗普非常着急，多次推特喊话要加快美国的 5G 建设进度。但即便如此，美国运营商仍旧不为所动。因为美国基本上都是民营企业，它们考虑的是，现在 4G 基站的投入都还没有收回成本，再启动 5G 建设，无法向股东和投资人交代。这恰恰是美国的问题，也是中国的机会。中国的运营商机制决定了大家目标统一、步调一致，不管投入多少，有什么困难，只要是国家明确的发展方向，都能够快速达成。

规模优势

中国在 5G 发展上的第二个优势，是拥有庞大的体量和规模。

中国有 14 亿人口，经过 40 年的改革开放，人们生活水平有了极大提升，同时也诞生了全球最大的中产阶级消费群体。保守估计，中国现在的中产阶级可能有 3 亿~ 4 亿人。

我们可以计算一下，如果 14 亿人中，有 10 亿人购买一部 5G 手机，每一部手机价格 5000 元，这个规模就是 5 万亿元。

同时我们也可以回顾一下 4G 网络的建设，中国用了几年时间迅速搭建了覆盖全国的 4G 网络体系。4G 网络一建好，随之就自动裂变产生了一大批移动互联网应用。我们原以为中国的电商市场已经非常饱和，像阿里、京东，它们拥有非常成熟的电商平台，按说似乎已经没有多少空间可以再挖掘了。但拼多多却另辟蹊径，从四线、五线市场切入，用另一套商业逻辑去跟用户建立连接，快速成长为一个新的电商小巨头。

再比如抖音，在 4G 网络的加持下乘势而起，这几年发展非常快，通过短视频把天南海北的中国人连接到了一起。无论男女老少还是贫穷富贵，都可以通过视频连接，分享快乐。抖音也因此成长为中国一个大型的社交平台。

这些都是因为连接创造的价值。从中也可以看出，中国未来具有非常大的价值。这种价值体现在两个方面：一方面是个人用户价值，个人用户对于 5G 是非常期待的，因为 5G 最有吸引力的一点是网速提升给视频观看、在线游戏等娱乐项目带来全新的体验，特别是 VR、AR、MR（混合现实），甚至可能开启虚拟和现实结合的另一种生活方式。 另一方面是产业价值，即行业用户市场。中国经过 40 年改革开放，有了全球最大的制造体系，也是全球最大的工业国。我们有一大批制造业企业和行业用户，这些企业都希望通过 5G 和人工智能来提升企业和整个行业的竞争力。

5G 有两个非常重要的特点：广连接和低时延。这天然就是为工业互联网和产业互联网服务的。所以，有了 5G 助力，未来的中国在产业经济与建设方面，必然有一个质的飞跃。

我记得 2017 年左右,美国特斯拉首席执行官(CEO)埃隆·马斯克(Elon Musk)就提出,要建设一个全智能化的工厂,机器人高速运转,一切程序按部就班,就像太空无敌战舰。但两年时间过去了,现实的情况似乎并没有完全达到他的要求。为什么?

如果美国的 5G 建设还是迟迟没有进展的话,至少在通信网络方面的不畅就会形成巨大的阻力,因为工业互联网对于信息传输的时延是有很高要求的,现在的美国通信网络条件,毫无疑问是无法满足埃隆·马斯克的要求的。

我们看到,2019 年年初,特斯拉在上海动工建设"3 号超级工厂",工厂占地 85 万平方米,并在 2019 年年底正式投产,大规模量产 Model 3 汽车。

特斯拉上海超级工厂(一期)奠基仪式(来源:上海市政府新闻办)

上海超级工厂是特斯拉在中国建设的第一家制造工厂,也是中国第一家由外国汽车制造商全资拥有的电动汽车工厂,同时也是该公司在全球建设的第 3 家超级工厂。另外两家超级工厂分别是位于内华达州的超级电池工厂，以及位于纽约水牛城用于生产太阳能屋顶、储能墙等清洁能源产品的超级工厂。

中国不仅可以提供给特斯拉经验丰富、成本比美国市场低很多的汽车组装制造工人，而且工厂用于生产的配套设备也非常完善。比如，在中国就有宁德时代这样的电池生产制造企业作为其优良的配套供应商。

虽然我们并不清楚马斯克是否看到了中国 5G 的发展前景，但他表态，上海 3 号超级工厂对特斯拉的商业计划很重要。我想，大概只有中国才能让他的"太空无敌战舰"战略梦想在短时间内成为现实了。

技术优势

中国在 5G 发展上的第三个优势，是领先的技术。

在 5G 基础技术方面，中国有中兴、华为等全球领先的通信企业，拥有全球最多的 5G 专利数，也拿到了全球最多的 5G 合同。这也是为什么中国能够用短短半年的时间成功试商用，从而全面推广商用的原因。

任何一个无线通信网络都包含三个部分：无线接取网络、传输网络、核心网络。在无线接取网络上，5G 频谱中最好的一段是 6GHz 以下频段（Sub-6GHz），中国现在商用的正是这一频段，这也是多数国家

5G建设的标准配置。但是美国不行，因为美国的这个频段很早之前就被军方占用，只剩下毫米波（mmWave，也就是30～300GHz频段）可供商用5G应用使用。毫米波的问题是穿透力差，如果要提高覆盖广度，就必须投入更大的资金建设基础网络。如前所述，美国运营商都是私营企业，首先考虑的是投资回报率，在地广人稀的美国，这似乎成了5G发展的最大瓶颈。

在传输网络上，连接核心网络和无线接取网络的部分，中国也占据了比较高的起点，那就是4G时代铺设的光纤网络基础好。不要以为5G无线终端的下载速度非常快，就可以不用光缆传输了。光缆的重要程度正随着5G的到来不断提升，这一点从各国运营商在光缆的铺设上丝毫没有懈怠可以看得出来。

在核心网络上，5G的颠覆性技术就是网络切片技术。它保障了网络的高效利用率和个性化场景需求。在这方面，中国企业的表现也不俗。2019年10月下旬，中国的中兴通讯联合Hutchison Drei Austria成功开通欧洲首个切片商城业务，这也是业界首次5G端到端网络切片经营实践。通过向垂直行业开放切片定制化，运营商从单一B2C流量运营向B2B、B2B2C、B2B2B多元化的切片运营转型，使5G与垂直行业的深度融合成为可能。

此外，中国的5G建设技术也遥遥领先。由于前面所说的国家决策制度优势，中国的基础网络建设能比较快速地铺开。这一点，我们可以从一个数据看出。2019年6月6日，工信部启动5G正式商用以后，整个5G网络建设便如火如荼地展开了。各大运营商都发布了自己的

5G商用网络建设规划，均以在2019年覆盖50个大中城市为目标，中国移动计划建设超过5万个5G基站，中国电信和中国联通都计划开通4万个5G基站。

根据公开数据显示，截至2019年10月下旬，中国电信、中国移动、中国联通在全国开通5G基站8.6万个，北京、上海、广州、深圳、杭州等城市实现5G网络连片覆盖。

除了建得快之外，成本还更低。据媒体报道，中兴、华为建设5G的成本仅为诺基亚和爱立信的一半甚至更低，而且性能更好，这些优秀的中国企业助力的中国5G建设在技术上占领了制高点。

政策优势

中国在5G发展上的第四个优势，是国家和各级政府的支持。

中国把5G的发展纳入国家经济的发展战略，各级政府自上而下给予支持推进，是中国发展5G的又一大优势。

以北京为例，北京市2019年年初发布《北京市5G产业发展行动方案》，加速推进智能交通、健康医疗、工业互联网、智慧城市、超高清视频等五大类示范应用。截至2019年10月底，三大运营商在全市共建设完成1.1万个5G基站，5G网络信号可覆盖六环内人口密集区域、新机场等区域，已经形成男篮世界杯直播、积水潭骨科远程手术等典型的5G示范应用。

其他省市也都纷纷出台类似的政策和行动计划：上海市政府明确发文要求到 2019 年年底完成 1 万个 5G 基站的建设，2020 年累计建成 5G 基站 2 万个；湖北省政府发文要求，到 2021 年年底完成 5G 基站建设 5 万个以上；浙江省政府则提出了到 2020 年建成 5G 基站 3 万个，到 2022 年建成 5G 基站 8 万个的目标。

深圳在 5G 建设方面更是先行先试。深圳市政府 2019 年 9 月 1 日出台《深圳市关于率先实现 5G 基础设施全覆盖及促进 5G 产业高质量发展的若干措施》，明确基站规划建设目标——到 2020 年 8 月底，要累计建成 5G 基站 4.5 万个，率先实现深圳全市 5G 网络全覆盖，实现 5G 基站建设密度全国领先。这是极具代表性和示范性的，也是深圳建设中国特色社会主义先行示范区的具体落地动作。深圳先行，探索出一条路出来，也必将为中国经济的未来发展全面赋能。

当下中国，无论是 5G 网络建设，5G 相关的应用开发，还是 5G 的未来革新，大家都充满期待。未来已来，5G 改变世界，5G 时代必将全面到来。

2019 年各省、自治区、直辖市陆续发布的与 5G 相关的发展规划文件

序号	省、自治区、直辖市	发布时间	与 5G 相关的发展规划文件
1	重庆	1 月 4 日	《关于推进 5G 通信网建设发展的实施意见》
2	河南	1 月 8 日	《河南省 5G 产业发展行动方案》
3	福建	1 月 18 日	《新时代"数字福建·宽带工程"行动计划》

续表

序号	省、自治区、直辖市	发布时间	与 5G 相关的发展规划文件
4	北京	1月22日	《北京市 5G 产业发展行动方案（2019~2022）》
5	江西	2月26日	《江西省 5G 发展规划（2019~2023）》
6	四川	3月13日	《新一代网络技术产业培育方案》
7	山西	3月15日	《山西省通信基础设施建设三年行动规划》
8	浙江	4月28日	《关于推进浙江省 5G 产业发展的实施意见》
9	江苏	5月2日	《江苏省政府办公厅关于加快推进第五代移动通信网络建设发展若干政策措施的通知》
10	广东	5月15日	《广东省加快 5G 产业发展行动计划（2019~2022）》
11	河北	6月7日	《关于加快推进第五代移动通信基站规划建设的通知》
12	湖南	6月20日	《湖南省 5G 应用创新发展三年行动计划（2019~2021）》
13	上海	7月5日	《关于加快推进本市 5G 网络建设和应用的实施意见》
14	甘肃	7月8日	《关于进一步支持 5G 通信网建设发展的意见》
15	贵州	7月15日	《贵州省推进 5G 通信网络建设实施方案》
16	湖北	7月25日	《湖北省 5G 产业发展行动计划（2019~2021）》
17	吉林	8月17日	《关于推动第五代移动通信网络建设的实施意见》
18	辽宁	8月23日	《辽宁省 5G 产业发展方案(2019~2020)》
19	广西	8月23日	《广西加快 5G 产业发展行动计划（2019~2021）》

美国想越过 5G 直接发展 6G，那是不可能的

当全球 5G 建设如火如荼时，美国总统特朗普于 2019 年 2 月在个人社交账号中提出：6G 并不遥远，美国可能会跳过 5G，直接发展 6G。这样的言论，绝对很"特朗普"，语惊四座之余，"吃瓜"群众开始讨论，说我们对 5G 都还没有确切的感知，突然就说要发展 6G 了，有点跟不上节奏的感觉。况且，5G 的速度已经这么快了，6G 难道要上天？

虽然 5G 目前还没有大范围商用，但技术层面的障碍前期已经攻克得差不多，现在开始进行 6G 理论研究一点都不为过。要知道，现在的华为之所以能在 5G 领域遥遥领先，那是因为有独到的战略眼光，根据公开披露的数据显示，华为早在 2009 年就投入 6 亿美元开始做 5G 的研究，而 2009 年，中国还处于 3G 的试商用期，距离今天的 5G 商用还有 10 年。

因此，特朗普还是很有战略眼光的，发展 6G 势在必行，毕竟现在除了美国，中国、日本、韩国、欧盟等，包括其他很多国家和区域也都已经开始了 6G 的理论研究。但问题是，美国主张跳过 5G，直接发展 6G，究竟可不可行呢？个人认为，不可行。

美国为什么要跳过 5G 直接进入 6G？

从移动通信的国际竞争背景上看，在过去的 4G 赛道上，美国的表现谈不上优秀。毕竟截至 2018 年年底，全球 500 多万个 4G 基站总量里，中国拥有 372 万个，而美国只占了约 30 万个。一个偌大的发达国家，发展 4G 技术已经用了将近 10 年时间，基站数竟然还达不到中国的 1/10，数量只和中国的广东省差不多。

在今天 5G 的这条赛道上，我国主要设备商再一次具备领先优势，商用步伐也快于其他国家，而美国显然在 5G 上准备和投入不足。特朗普之所以选择跳过 5G，直接去开发和布局 6G，可能也与美国的系统性战略思维、做事风格，以及美国的通信业现状、技术优势有关。

首先，美国向来以大国自居，不屑于跟风，也不甘于落后，向来喜欢创造新赛道。这就好比 20 世纪 80 年代，日本在家电制造、影像技术领域独占鳌头，美国并不是采取直接追击的策略，而是另辟蹊径，开辟了信息科技的新赛道，索性在这个赛道上竞争。美国最终成绩喜人。

其次，跟中国相比，美国显然极不擅长大规模基建。中国能在短短 5 年时间建立起全球最完善的 4G 网络，可美国不行。美国人深知自身政治经济体制与中国的差异性，所以没有强行建设 4G。如今的 5G 基建规模比 4G 还要庞大，美国有自知之明。

6G 是 5G 的持续演进

最后，目前权威机构对 6G 的规划与定义，是以卫星＋地面移动通信为基础，组建海陆空互联网络。而美国在深空探测、遥感、操控技术等航天领域很有发言权，美国认为，借助卫星发射和部署，有望在 6G 建设上占据先发地位。

试图跳过 5G 直接过渡到 6G，美国有两座大山难以越过。

一座大山是：6G 对于频谱资源的高效利用要求更高，目前普遍认可的方式是"频谱共享",而美国一直以来的频谱分配方式是拍卖,就是出价最高的人,得到某一段频谱的使用权。这就会造成授权用户独占某一个频段而造成频谱闲置、利用不充分等问题。未来的无线电频谱是稀缺性战略资源,美国若无法在既有体制上突破,便无法向前迈出6G的步伐。

另一座大山是:从过往通信技术发展规律来看,越过5G发展6G,也不太可行。因为如果没有上一代技术突破作为基础,下一代技术是很难向上延展的。和4G之于3G一样,6G一定是5G的持续演进。5G有的,要靠6G来改进;5G没有的,要靠6G来扩展。

什么是6G？

6G指的是第六代移动通信技术,也是5G之后的延伸,主流定义是地面无线与卫星通信集成的全连接世界。不仅速度更快,而且更智能,据说在空间穿透和辐射方面,更适合空间和海洋等多元环境。

我们知道,5G的理论下载速率为每秒10GB,是当前4G上网速率的100倍。6G的理论下载速度是每秒1TB,也就是5G的100倍! 5G由小于6GHz扩展到毫米波频段,6G将迈进太赫兹(THz)时代。而1THz等于1000GHz。通常,太赫兹波指0.1~3THz的电磁波。

举个例子,我们现在用4G网络,下载一部10G的高清大片,需要将近 2 分钟，如果 5G 网络下载只需要 1 秒，6G 网络下载仅需 10 毫秒（0.01 秒）。当然，未来大家可能没有下载的习惯了，因为在线根本不会卡顿，随点随看，而且个人娱乐也不是 6G 最核心的应用领域，这里只是举个例子让大家感受一下 6G 的速度。

那么，6G 的构想源自哪里呢？先讲个故事，1987 年，摩托罗拉公司发起了一项惊为天人的计划，叫"铱星计划"，建立由 77 颗近地卫星组成的星群，让用户从世界上任何地方都可以打电话。

这一计划一经发布，便震惊全球，但结果大家也知道：系统建成后，没有多少人使用，使用效果也并不好，最终以失败告终，否则我们今天不需要讨论 5G 和 6G 了。但这个失败并不是技术上的失败，而是要跨越组织、国家、地域等多个层面，投资巨大，在当时，大家对实时联网和高密度的全球无死角信号覆盖，需求也并不大。

然而，从技术方案上来看，通过卫星组网实现全球网络覆盖的提议，得到了业界的认可，也为后来的 6G 研究提供了非常好的技术方向。目前全球权威机构对 6G 的构想基本达成共识，那就是通过地面移动通信网络覆盖，结合天空的卫星定位系统，实现海陆空的全球无死角信号覆盖。

6G 的最大价值在哪里？

前面我们谈论了 6G 的速度，但只关注网速未免有点"肤浅"了，因为在 6G 时代，网速已经不再重要。那什么才重要呢 —— 全球范围的万物智联！

之前我们在行业应用中一直在讲 5G 下的万物互联应用前景，但实际上还远远不够，要进入万物智联的深度应用，必须 6G 才能支撑起来。因此，对于万物智联的宏远目标，5G 只是万里长征走到了一半。

5G 的传输速率理论上能够做到 10Gbps，但随着连接规模的不断扩大，传感器数量将是天文数字，届时，网络压力势必会持续增大，这样的速度，很快便无法承载一系列庞大而复杂的应用。大到一定程度的时候，代表更高技术水平的 6G 一定会到来。

以网络覆盖为例，像车联网、远程医疗这类的应用需要的是一个几乎无盲点的全覆盖网络。在这一点上，5G 还无法做到全面覆盖，需要在 6G 时代得到补充和完善。

举个例子，一个人晚上在户外跑步，突然晕倒在地，有路人拨打了 120 急救电话。救护车到达现场后，护士用扫描枪扫描了病人面部，身份即识别出来，过往病历也被调取出来。根据医生的初步判断，病人病情较严重，需要做特殊处理。于是用移动设备呼叫了正在医院的专科医生，远程诊断后，确定要尽快启动微创手术。但救护车距离医院还有一段路程，加之路上堵车，为了不耽误救援时间，在将病人送去医院的路上，护士启动了救护车上自带的远程手术设施。

但救护车在实时移动，远程手术必须建立在稳定的移动通信网络环境下，手术操作过程中一旦掉线，信号不好，那对病人的危害将是致命的。这里面就涉及 5G 基站的大量覆盖，由于 5G 投资非常大，所以采取的策略是重点区域重点覆盖，在 5G 时代的前期，类似远程医疗这样的智能化应用，还存在较大的风险。同理，车联网、无人驾驶也是一样。

目前的移动通信基本都是聚集在人口密集区，而其他地区，因为基础设施所限，无论是利用率，还是研究探索，都极为受限。想要做到全球无死角信号覆盖，6G 更有想象空间，因为目前的 6G 架构，是一个地面通信与卫星通信集成的全连接世界。

中美 6G 技术上的较量

当下，关于 6G 的实现路径，还没有清晰的概念，有些只是头脑风暴、各抒己见，有些方案和技术手段，实现起来有难度，或者成本非常高，或许得要 5G 初具规模之后才能看见答案。

美国在空间技术、海洋潜艇技术及芯片技术上都早有储备，所以美国想跳过 5G 直接发展 6G，但 6G 技术是地面通信和卫星通信双网组合系统，而美国在地面通信基建方面，已经落后中国很多，从这点来看，美国直接发展 6G 也不现实。

那么从中国的角度来看，一方面是积极发展地面通信网络，加快 5G 落地商用的速度，这一点不多说。另一方面，在天空卫星系统建设上，中国也早已展开了行动。这个行动被叫作"鸿雁星座"全球低轨道卫星星座通信系统。

根据网络公开资料,"鸿雁星座"一期预计在 2022 年建成并投入运营,由 60 颗核心骨干卫星组成,主要实现全球移动通信、物联网、导航增强、航空监视等功能;二期预计 2025 年完成建设,系统由数百颗宽带通信卫星组成,可实现全球任意地点的互联网接入。

其中,有一个重要应用就是提供航空数据业务,可支持飞机前舱的安全通信业务,并为航空器追踪及应急处理提供可靠通信保障,同时支持后舱宽带互联网接入服务。这一点,将极大提高我国航空飞行的安全保障。

2019 年国庆档期《中国机长》热映,这部影片根据 2018 年 5 月 14 日四川航空 3U8633 航班机组成功处置特情真实事件改编,讲述了"中国民航英雄机组"成员与 119 名乘客遭遇极端险情,在高空直面强风、低温、座舱释压的多重考验,最终机长及机组成员冷静应对,化险为夷。该事件中,3U8633 航班驾驶舱风挡玻璃破裂后,由于强大的气压、低温、风力冲击,飞机与地面通信失联超过 10 分钟,飞机处于盲飞状态。这样的事故,在 6G 时代,再也不会发生。

此外,"鸿雁星座"还将在物联网、移动广播、无人驾驶汽车、智慧城市航空航海监视等场景中,为全球各地的人与物提供卫星移动通信保障、宽带互联网接入、高精度导航增强定位服务,还可满足我国在应急救灾、国土安全、智慧农业、智慧海洋等领域的卫星移动通信需求。

苹果 3G 时代的传奇和 5G 时代的危机

每个时代都有创世者,科技行业的颠覆式创新,似乎都开始于边缘化市场的异军突起。1G 时代是摩托罗拉,2G 时代是诺基亚,3G、4G 时代是苹果、高通、谷歌。

中国其实在整个移动通信技术领域的发展历经了很多波折。1G 时代,我们很落后;在 2G 和 3G 时代,我们开始不断追赶;到了 4G 时代,我们取得了一些领先的优势;现在来到了 5G 时代,很多人判断中国会引领全球 5G 的发展。对于中国来说,这也是一个千载难逢的实现逆袭的机会。

为什么他们都唱衰 3G?

值得一提的是,当时 3G 刚出来,很多人反对 3G 的上马,原因主要集中在以下三个方面:

第一，中国已经有了一张全球最大的 2G 网络，还有没有必要建设 3G 网络？第二，当时的 2G 手机屏幕非常小，发发短信已经勉为其难，用来上网几乎不现实。第三，3G 投资非常大，投入产出比到底能不能达标？

幸运的是，中国还是毅然决然地启动了 3G 网络的建设，最终看到的结果就是，中国在 3G 浪潮中诞生了一系列超级 App，也让中国取得了很大的进步，这是可喜可贺的。

实际上，当中国人为 3G 到底该不该建的问题而纠结的时候，国际上的 3G 建设方面也遇到了相同的阻力和不确定因素。

虽然国际电信联盟在 2000 年就已经制定了 3G 标准，但很长一段时间都没有诞生出很好的应用，特别是杀手级的应用。那时候甚至很多国际权威专家都在怀疑，3G 到底有没有发展？

苹果推动了移动互联网的发展

可喜的是，2007 年苹果公司打开了局面，为那个时代带来了改变。

2007 年至 2008 年，乔布斯带领苹果公司发布了两款产品：一款是苹果手机，一款是苹果 App Store。正是这两款产品的发布，带动了整个移动互联网产业的发展。毫不夸张地说，正是因为有了苹果的这一创新，才使得移动互联网形成了一个良性成长的生态圈，从而改变了整个社会、政治、经济和文化的发展。

苹果就是3G时代的创世者，它的颠覆式创新，到底革了谁的命？毫无疑问是诺基亚和黑莓。

诺基亚是2G时代的商业霸主，它每推出一款手机，无不是实用与时尚并重，而且每一台手机都承载了无数人满满的青春记忆。诺基亚手机有两个特点：第一个特点是安全，而且跟之前的移动电话或同时代手机相比，通话质量高。第二个特点是质量非常过硬，就算从三四米高的地方掉下去也不会摔坏，甚至有人用诺基亚手机来砸核桃。至今让我记忆犹新的，是诺基亚7100s，红色滑盖式推拉手机，在当时可是非常受欢迎的时尚单品。

黑莓手机由加拿大RIM公司推出，也有两个特点：第一，它浑身布满了密密麻麻的黑键，很容易让人联想到草莓身上的黑点点。第二，它的安全性非常高，由于使用了自己独特的加密技术，很多欧美人喜欢用它来收发邮件，而且还是收费的，这也使得黑莓手机在商务市场风靡全球。

但好景不长，极具颠覆性意义的苹果手机诞生了，后来有人在探寻苹果的成功经验时，对乔布斯惊人的洞察力做了总结：乔布斯在设计苹果的时候，也对相关的竞争对手做了非常充分的调研。他发现两个问题：

第一，黑莓手机虽然非常受欢迎，但在亚洲的市场占有率并不是特别高。调研发现，原来以中日韩为代表的东亚用户，喜欢在手机上进行社交和休闲娱乐活动。比如，当时腾讯的QQ用户量庞大，通过手机接收信息的人很多。又比如打游戏，诺基亚手机当时有一款自带游戏非常火，叫"贪吃蛇"。

苹果的 App Store 开放平台

对此，乔布斯推出了 App Store，一开始，应用商店里休闲娱乐应用占比最大，比如麻将、纸牌、桌球等游戏。一经推出，这些应用在中日韩等地开始疯狂流行起来。App Store 是一个相对开放的平台，大量的开发者都上传自己的应用，和苹果公司一起分成，其实相对而言，它也打造了一个应用开发的生态圈，这也是苹果在商业上取得成功的重要创新。

第二，乔布斯发现那个时候手机的操作视窗有问题。于是，苹果公司设计开发了新的操作视窗，这个创新也为这个时代留下了浓墨重彩的一笔。

原来我们使用的操作视窗，不管是 PC（个人电脑），还是诺基亚手机、黑莓手机，它都是下拉式菜单。例如电脑系统上，右击鼠标，通过下拉菜单展现更多的操作入口，比如粘贴、复制、剪切、删除。手机上也一样，点击菜单条，也会往上或往下拉出一长串操作按钮，比如游戏、通讯录等。从用户体验上来说，不太方便，于是乔布斯敏锐地发现了这一点，开始采用平铺式操作界面，所有应用全部平铺在桌面上，将触摸屏技术用在手机上，实现指纹点击即可触发操作，而不需要按键。

应用开发生态圈和操作视窗方面的两项创新，引爆了全球消费热潮，引领了3G时代移动互联网的发展。这是属于苹果公司的成功，也是属于那个时代的美好。

乔布斯，神一样的产品经理

史蒂夫·乔布斯，这位带有传奇色彩的苹果公司掌门人，何以成为划时代的传奇人物，他的个人生活逐渐笼罩上神秘的光环。

乔布斯从小就在硅谷长大，他的邻居就在惠普公司工作。一个惠普的工程师看他喜欢电子学，就引荐他加入了一个叫"发现者俱乐部"的组织，这是惠普公司专门为年轻工程师举办的聚会，方便大家交流沟通和学习。正是在这里，乔布斯认识了什么叫计算机，也正式打开了他认识和设计电子产品的那扇窗，而且这扇窗越开越大。

沃兹是乔布斯的搭档，有一次，他们在一个黑客那里发现了一种装置，可以用于盗打电话。乔布斯敏锐地发现这是一个很好的商机，于是决定自己设计和制作这个最后被命名为"蓝匣子"的装置。很快，这个小装置就在校园里面流行开来，并且越来越受欢迎。乔布斯和沃兹牛刀小试，赚到了人生的第一桶金。

乔布斯大一没读完就退学了。沃兹是个技术天才，拥有卓越的技术天分，而乔布斯知道自己的优势是怎么把技术变成产品并销售给用户。

既然"蓝匣子"可以成功,那其他产品肯定也能成功。于是乔布斯开始梦想着设计和拥有一台属于自己的电脑。

1976年,苹果公司成立,这是由乔布斯和沃兹一起在自家的地下车库里创建的,那一年乔布斯21岁。苹果公司成立后,快速发展,推出了一批又一批经典的电子产品,包括iMac、iPod、iPhone、iPad等,这些产品风靡全球,深刻地改变了现代通信、娱乐、生活方式。

我们不得不佩服乔布斯对苹果系列产品的设计和创新。只可惜这位时代宠儿太过早逝,2011年10月5日,乔布斯因肿瘤病逝,年仅56岁。乔布斯逝世后,尽管苹果公司的现金流表现以及股价、市值一直长时间傲立群雄,引领全球,但创新力却始终为投资者和"果粉"们所诟病。

苹果5G时代的危机

苹果2019年度的旗舰机型iPhone 11系列于北京时间9月11日凌晨发布,一时间,相关的讨论话题热度始终不减,在发布会之后更是到达了一个顶峰。网友们纷纷吐槽iPhone 11的种种"缺点",其中一个重要的方面便是iPhone 11系列不支持5G网络,这也成了不少消费者在买与不买间左右为难的主要因素之一。

诚然,国内当下的5G基础设施还没能达到全面覆盖的级别,5G要正式进入千家万户还需要一定的时间,但是国内5G基站建设正在紧锣密鼓地进行中,5G覆盖区域也在与日俱增。在中兴、华为、vivo等不少安卓阵营厂商都推出 5G 机型之后，消费者的目光看向业界巨头苹果，这次苹果似乎令不少人失望了。

苹果 2019 年 9 月新推出的 iPhone 11 手机

未来，全球手机产业趋于扁平化，若非重大的技术迭代，手机产品很大程度上取决于设计与创新。苹果公司面临的挑战，一方面在于超强的产品设计研发团队能否持续给力，给"果粉"们带来惊喜之作，另一方面，也跟苹果的基因有关。

在 3G 时代，苹果的 App Store 作为一个开放的应用商店，曾经成就了太多经典应用和创业团队。但 5G 是一个万物互联的时代，它的连接面会更广、更深、更强，这就需要更加开放的生态体系。正如很多人担心的那样，在 5G 的革新面前，苹果已有的核心竞争力，会不会成为变革的阻力，这是未知之数。

AI 时代，云计算和 5G 最配

在云计算的发展上，不太懂技术的马云，行动迅速果决，而作为技术专家的李彦宏和马化腾，反而慢了半拍。

这是一个非常值得探讨的哲学命题：怎样才能解开历史的尘封之谜，看透未来的演进之路？这对于每一个领导者，都极具挑战。比尔·盖茨在他 1995 年出版的《未来之路》一书中，就提出了物联网 IoT（Internet of Things）的概念，令人不得不佩服他惊人的预见性。

当然，世界很大，未来很长，一次攀登，不会一直登顶，云计算也只是通往华山之巅的一条路径。我们必须要看到，能驾驶着百度和腾讯如此大船在波诡云谲的商海中一路破浪前行，李彦宏和马化腾这两位船长的战略眼光和企业领导力已是冠绝一时。

什么是云计算？

这几年，亚马逊的股票突然一飞冲天，一度占据了全球市值第一的宝座，为什么？因为亚马逊有全球最大的一朵"云"，也就是说，它的云计算能力全球最强。其实随着AI"核武器"时代的到来，云计算尤其被大家看好。那到底什么是云计算？云计算为什么会被大家所看好呢？

云计算被广大投资者广泛看好

我们先来设想一个场景，这是一个5G时代智能交通的典型应用场景。

王同学正在十字路口闯红灯，走到半路，他突然收到一条短信，短信内容是这样的：王同学您好，您在某时某刻闯了某个红灯，罚款100元，同时扣除信用分1分。

对于交通违规，这是非常有效的解决方案。为什么它能够及时又有效地解决闯红灯的问题？这里用到的技术就是云计算。王同学走在路上，摄像头快速抓取他的头像，到云端数据库里面进行比对，从而识别出他的身份。再到云端的支付宝或微信，去关联他的账户，从而完成扣款。再通过运营商的通道，完成短信提醒。整个过程及时准确，2~3秒就完成了，这里面最为核心的能力，就在于云计算能力。

锵锵三人行：一场关于云计算的论战

2010年的一个IT峰会，BAT（百度、阿里巴巴、腾讯）三位大佬聚首，三人有一场关于云计算的论战。李彦宏和马化腾当时对云计算的发展都持保留意见，而马云则充满信心。

在当时，对于云计算的未来发展，绝大部分人都支持马化腾和李彦宏的观点，为什么？因为1995年，网络即服务失败了。

早在1995年，美国有一家高科技企业就曾提出了网络即计算的理念，意味着那时候就有人要把计算和网络、服务器分离，也就是后来为大家熟悉的云计算概念。

计算机最为重要的两大功能，就是计算和存储能力。当时人们使用的电脑，一般将计算和存储都放在本地，打开电脑，就可以使用。但当时这家美国公司就提出了一个理念，探讨如何把计算和存储能力实现共享，那么本地电脑就能直接调用远端的数据和内容了。

2000年左右，我读高中，计算机上机课，我的母校洞口一中的机房就采取了这样一种操作方式。那时候，计算机用于计算和存储的服务器的价格很高，学校为了节约成本，所有计算机共用一个服务器。所以，教室里上百台计算机都是没有主机的，只有显示器、鼠标和键盘。

这就像我们生活的小区里，考虑到每个家庭拥有的汽车数量不固定，对停车时间的需求也不一样，为每个家庭预建一个车库有点浪费空间。所以由物业公司来建一个大型共享车库，进行统一调度与管理，这样既提高了空间利用率，我们的车子也更为安全。

在1995年，网络即服务这个理念是非常领先的，但当时却没有发展起来，主要原因在于当时的网络能力以及集中处理能力跟不上。这也是为什么当主持人问到李彦宏和马化腾对于云计算发展的时候，他们都不约而同地泼了点冷水，因为他们了解技术的发展脉络。

阿里云的成就和王坚的坚持

马云不仅是这么说的，也是这么做的。后来，阿里一直支持云计算的发展，也才有了现在阿里云的成就，根据营收来看，它是目前中国最大的一朵云。

阿里发展云计算的过程中，不得不提到的一个人，就是王坚。王坚此前在微软亚洲研究院工作，是个技术牛人，来到阿里后负责云计算。虽然有马云的支持，但阿里的云计算业务的发展也是历经波折，要知道云计算的发展需要的是持续性的高投入，不是短期能够见效的。

据说当时甚至有人称王坚为骗子。王坚被骂了很多年，甚至在公司会上谈到这件事时，也一度痛哭流涕。在阿里的狼性竞争文化环境下，可想而知王坚曾承受过多大压力。可喜的是，自始至终，马云是支持云计算业务的；更可喜的是，王坚坚持了下来，这才有了今天的阿里云。2019 年 11 月 22 日，中国工程院正式公布 2019 院士增选结果，增选名单中出现了一个名字——阿里云创始人王坚。

阿里云的成功，体现在两个方面：第一个是面对"双十一"巨大流量峰值的考验时，仍能够很好地支撑下来；第二个是阿里有了目前中国最大的一朵云，它的云计算能力在全世界范围内也具备很强的竞争力。阿里云 2014～2018 年的营收每年都以将近 100% 的速度快速增长，云计算也是被广大投资者广泛看好的发展方向。

如今，百度和腾讯也在奋起直追，大力拓展云计算业务。

云计算的历史难题

不过当年，云计算业务没有发展起来，还存在一些难题。比如在一个学校机房里，如果存储和计算能力全部放在一台服务器上，会出现两个问题。第一，一旦这个服务器出现问题，那整个机房就瘫痪了。可能有人会说，可以做双机备份，这当然是一个方案，但另外一个问题就很难解决了。第二，如果上百名学生同时进行大流量的数据处理，例如看视频或者下载软件,那服务器也很容易崩溃,下载速度会很慢。

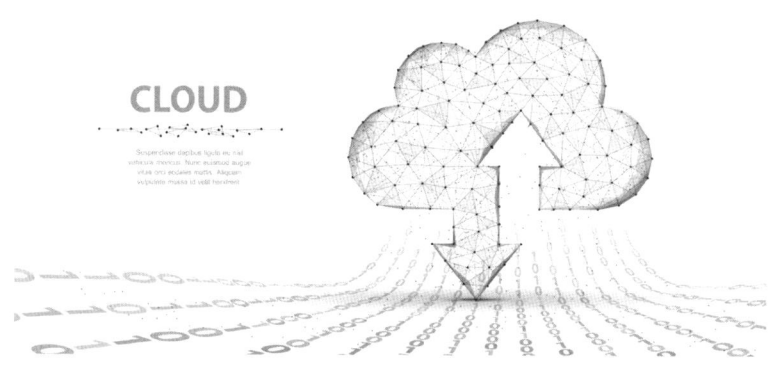

一切上云,云上一切

后来随着云计算业务的发展,这些问题都通过分布式的部署,得到了很好的解决。也就是说,把原来集中部署的服务器分散到各个地方,例如原来某个公司在全国可能只有一个大型服务器,也就是数据中心;现在,该公司在全国各个地方都部署了大量的数据中心,让服务能力实现分区覆盖,收到服务请求后,系统就近从周边的数据中心调配服务能力。

举个例子,如果在 2008 年北京奥运会期间,由于人流量和服务需求高度聚集,北京的数据中心服务器压力陡增,系统就可以调用宁夏和海南这些相对空余的服务器,来支持北京的计算能力。同样,地下车库也可以这样操作,就是把单一的地下车库,拆分变成 2~3 个区,A 区车位紧张的话,就在 B 区和 C 区寻找车位,从而提高停车效率。

正是因为分布式部署的方案,才使得现在云计算业务能够快速发展;

也正是因为云计算现在有了很大的发展前景，特别是 AI "核武器" 时代到来以后，传输速度非常快，使得云计算能力也能够快速普及到我们日常的生活中。

云计算的优势

云计算有很多优势，对于用户来说，第一，它的使用成本相对低廉。比如一个景区如果要做智慧旅游，一般情况下要支持大量的信息化系统，它都要建自己的数据中心，不仅要建设还要运维，成本是比较高的，有了云计算以后，完全可以租用腾讯云、阿里云、京东云、百度云等的服务，花费相对低廉的成本就能达到同样的目的。第二，后期维护管理成本，也都完全省下来了，服务也相对比较快速。

为什么说 AI 时代，云计算和 5G 最配。以旅游 AI 导游机器人为例，5G 的边缘计算，让 AI 导游机器人有求必应，知无不言，言无不尽，而 5G 的云计算，则让机器人能够快速在云端完成大数据检索、语义识别和智能应答，变成一个无所不知的旅游达人。云计算是 5G 的核心驱动力，为推动 5G 发展、为各行各业全面赋能提供屠龙之术。

宠辱不惊，看庭前花开花落；去留无意，望天上云卷云舒。

当年读《菜根谭》的这段话，有无限遐想。庭前花开，天上云卷。5G 到来后，虚拟世界和现实世界将全面打穿，"一切上云，云上一切"，这也是云计算充满想象的地方。

5G 网络切片，让你抢红包总是快人一步

在 2019 新一代信息技术暨集成电路国际峰会上，有朋友问我什么是网络切片技术，我告诉他：网络切片是 5G 智能化的网络服务能力，能为不同的用户需求提供个性化的网络定制服务。对方听后，习惯性地点了点头，很快又摇了摇头。我换了种解释：网络切片就是让你拥有独特的网速，在微信抢红包时，总是快人一步。对方很快就懂了。

不同的用户，不同的通信网络需求

对于运营商来说，服务的用户主要有两类：一类是 C 端个人用户，一类是 B 端企业用户，但 C 端和 B 端对通信网络的需求是完全不一样的。

先来看看 C 端的个人用户需求，举三个例子。

第一个需求是微信抢红包。

讲个故事，自从流行微信抢红包以后，我们身为微信用户，就只有两个身份了：一个是发红包的，一个是抢红包的。发红包的，掌握主动权，可以慢慢悠悠地发；抢红包，被动紧张，眼睛盯紧屏幕，手指蓄势待发。因为红包发出后，不在第一时间打开领取就被其他人抢光了，这种时候，仿佛有种"错过好几亿"的失落感。

在几十上百人同时抢一个红包的场景下，往往考验的是手机的响应速度和网速。如果运营商提供网速包增值服务，让你在抢红包时总是快人一步，估计很多人会欣然购买。

第二个需求是春节抢票。

每到春节前，我们就会掀起一场声势浩大的抢票大战。以前我们为了弄一张回家的车票，找"黄牛"要多花不少钱，现在买票规范了，只能够通过12306网站或App自己抢。一到起售点，短短几秒钟，你往往因为网络不好被卡住，被迫等待缓冲，然后眼睁睁看着余票数额从"有"到"无"，根本抢不到票。为什么？因为人太多，网络拥堵了。

如果这时候，有一台响应更快的手机，或者运营商告诉你，多花100元就可以拥有比别人快10倍的网速，估计很多人会毫不犹豫地购买。当你购买了这个网速包以后发现，可以更快地登录App，抢到票时的响应速度也是杠杠的，甚至有种整个12306都在为你一人服务的错觉。

第三个需求是手机玩游戏。

个人用户对网速要求较高的场景，通常是手机玩游戏。现在流行的联机网络游戏都比较大,需要占用比较大的带宽资源。为了获得更好的游戏体验,玩家们常常需要做两件事:一是更多的待机时间,以提升自己的经验值;一是花钱购买更高级别的装备,以获得更大的能力,在持续胜利中得到快感。在游戏中,最怕的是关键时候网络卡顿,网速快、时延低的玩家往往更有制胜权。

网络因素直接影响手游体验的好坏

这让我想起《天龙八部》中的段誉,武功虽差,但有个独门绝技——凌波微步。每次对决,发现势头对自己不利,立马使出这招快速逃离现场。拥有了比别人快的速度,这就是段誉的优势。

但是很遗憾,上述提到的几个应用场景,在目前的 4G 时代,运营商是无法提供网速包增值服务的,因为 4G 网络技术不支持定制化服务能力。而 5G 就不同了,由于要面向多连接和多样化业务,5G 可以为用户提供定制化的网络服务,方便用户在进行新业务时快速上线、下线。

对于 B 端企业用户来说,他们需要的不仅是更大的带宽,还有更多的连接、更高的算力、更低的时延。下面,我们通过举例来看看三类不同的企业需求。

第一类,像爱奇艺这样的视频网站。

数亿人的庞大用户群,对画质的要求是不一样的。为了满足一部分追求高画质体验的用户,比如在手机上观看 4K 甚至 8K 高清视频,如果运营商能为爱奇艺定制不同的带宽套餐包,将其加载进爱奇艺本身的会员服务体系内,用户便可以按需选购,极大提高满意度和体验值了。

第二类,像欢乐谷这样的大流量景区。

每年大一点的节庆日,比如圣诞节,欢乐谷都会举办各种派对和游园活动,吸引大批游客在同一时间进入景区。这给景区的客流管理、网络服务带来巨大压力,尤其是现在小视频应用非常火,年轻人边游玩边分享视频,甚至 VR、AR、MR 等各类体验接下来也会在景区大量普及。但高峰期和高峰区域,游客体验往往不太好,比如网速慢、卡顿,电话信号差等。因此,欢乐谷亟须运营商能提供一些差异化的服务方案,需要更大的带宽和单位面积内更多的网络连接能力,来解决几万甚至十万以上的人同时上网的特殊网络通信需求,确保游客的体验更佳。

视频平台,如爱奇艺　　　　旅游景区,如欢乐谷

B 端企业对带宽、算力、时延要求更高

第三类，像特斯拉这样的制造企业。

2019年8月在上海举行的世界AI大会上，两位不同领域的全球AI引领者——特斯拉公司联合创始人兼首席执行官埃隆·马斯克和联合国数字合作高级别小组联合主席马云妙语连珠，面对成千上万观众提问凝聚出的8个关键词，展开了一场对技术和未来的思想碰撞和深邃思考。

2019年世界AI大会马云与马斯克对话（来源：澎湃新闻）

二人就"人和机器谁更聪明？"展开的探讨引爆了网络界和科技界。

马云说："机器可以更聪明，但人可以更智慧。我从来不担心机器抢人类饭碗，或者机器会控制人。机器是由人类创造的，你见过机器创造一个人吗？"马斯克说："我完全不同意。最聪明的不一定是人。聪明的人最容易犯的错就是不相信有人比自己更聪明。"

很多人支持马斯克，认为他看到的是未来，而马云更关注的是现在。很多人支持马云,认为马斯克讲的更多的是技术,而马云则超越了技术层面,关注的是哲学层面。

目前来看,这是一场没有答案和结论的辩论,但我们可以从另一角度来看看,随着 5G 和物联网的到来,机器跟人的连接会越来越紧密,人类赋予机器的能力也会越来越大,这已经是无可回避的现实问题,我们必须正视这一事实。

特斯拉电动汽车超级工厂 Gigafactory 3("超级工厂三号")在上海以惊人的速度——只用了短短 6 个月——于 2019 年夏天完工。按照规划,这座超级工厂将集研发、制造、销售等功能于一体,预计在经过 2~3 年的建设之后,达成 50 万辆纯电动整车年产能的目标。相信特斯拉的无人驾驶,将很快在中国大规模投入商用。

不同于传统汽车,特斯拉的无人驾驶汽车对通信网络的需求是完全不一样的,它需要 5G 网络提供个性化的定制服务。

一方面,由于无人驾驶汽车采用激光雷达及大量摄像头采集周边环境,将数据传给汽车中控系统,从而做出决策判断,这个过程需要及时把大量数据储存并传输给中控系统,这就需要 5G 的大带宽能力。

另一方面,未来的无人驾驶依赖于车路协同的智能驾驶系统,车与车之间,车与人之间,车与信号灯之间,车与马路之间,都要形成连接。而且,面对复杂的路况,车还需要做出快速而敏捷的反应,毫秒级的网络响应是必不可少的。这就需要 5G 的广连接、低时延能力。

最后我们发现，同样是 B 端企业用户，无论是视频网站、景区，还是工业制造企业，在不同行业、不同场景、不同主体、不同发展阶段，它们对通信网络的需求都不尽相同，这就对 5G 网络能力提出了不同的要求。

5G 网络是一把多功能的瑞士军刀

为了把需求描述得更为形象，曾经有人举过这样一个例子：如果你现在想买一辆新车，4S 店里面琳琅满目地展示着各种新车，宝马、奔驰、法拉利等任你挑选。但问题来了，虽然这些车都品质高端、设计精美，但你无法选出一辆梦想中一直想拥有的车。你在想，如果这些车都能像家里小孩玩的积木一样，你想要什么车，它就给你拼出什么车来，该有多好。

和上面的需求一样，5G 时代到来后，万物互联的特点，特别是产业互联网时代的到来，不同的客户、不同的行业对网络的需求是完全不一样的，这就要求 5G 网络具有灵活性和多样性。

而网络切片就能解决这个问题。

业内有一个非常贴切的比喻：如果我们把 4G 时代的网络看成是一把普通的水果刀，那么 5G 网络就是一把多功能的瑞士军刀。因为 5G 通过网络切片技术，从物理网络中切出了多张虚拟网络，让业务变得更加灵活和多样。

所以，网络切片就是一种按需组网的方式，既能分类管理，又能灵活部署，可以让运营商在统一的基础设施上，切出多个虚拟的端到端网络。每一个网络切片从无线接入网到承载网再到核心网在逻辑上隔离，可以适配各种类型的业务应用。

这就好比我们日常生活中的交通管控。我们可以把现有运营商的移动网络比作我们的交通系统，车辆是用户，道路就是网络。城市里随着车辆的不断增多，道路也会变得越来越拥挤。为了缓解和疏导交通，交通管理部门会根据不同的车辆类型人为划分出不同的通道，例如公交车专用通道、多乘员专用车道等。而运营商的移动网络也会根据不同客户的不同需求，划分出不同的专属通道进行分类管理。

中兴通讯发布网络切片解决方案

2018年2月，中兴通讯率先发布5G端到端网络切片解决方案，并在素有"行业发展风向标"之称的中国国际信息通信展（PT EXPO CHINA）上，获得当年的5G网络最佳技术实践奖，引发行业广泛关注。

中兴通讯的这个方案由无线、核心网、承载子切片共同构成，关键要素是按需定制、快速部署、可运营。

首先，在网络切片划分的过程中，可以根据不同类型业务对逻辑子网的特性和能力进行定制，因此网络切片使得运营商具备了按需定制网络服务的能力；其次，通过开放标准API和自服务入口，网络运营商可以授权其客户自行购买并运营网络切片，客户可以将网络切片集成到自身的服务和应用中，极大地提升网络切片应用的灵活性和变现能力，拓展运营商的商业机会；最后，网络切片在技术上通过资源共享的方式极大提升了网络的资源使用效率，从而有效地解决了差异化 SLA 需求与建网成本之间的矛盾。

5G 有三大应用场景，即 eMBB（增强型移动宽带）、mMTC（海量机器类通信）、uRLLC（超可靠、低时延通信），但网络切片并不仅限于这三大场景，运营商完全可以根据不同的应用场景，将物理网络切出多个虚拟网络，以满足不同行业不同用户的需求。

所以说，网络切片切的不仅是网络功能和网络资源，也是切出更多的创新应用，更是切出 5G 万物智联时代到来后，人们可以拥有的一种更加美好、更加舒适的生活方式。

区块链是 5G 万物智联的安全保障

说到区块链，你会想到什么？我估计肯定是比特币。业内一直有个说法：北京在炒币，深圳在挖矿，上海在开会。这句话巧妙地概括了这三个城市的特点。北京汇集了国内大部分交易所；深圳依托自己的制造业优势成为矿机的天堂；至于上海，这座国际化金融之都，汇聚海量人才在这里展开头脑风暴，推动技术升级迭代。

但如果仅仅只是用于比特币，那就太小看区块链这把屠龙刀的威力了。习近平总书记在中央政治局第十八次集体学习时强调，把区块链作为核心技术自主创新重要突破口，要求加快推动区块链技术和产业创新发展。区块链究竟是什么？它到底有何能量能让国家如此重视，将它的定位提升到如此之战略高度？

隔壁老王的故事

有人的地方，就会有江湖。村里的养殖能手刘老二最近承包了一块鱼塘，急需用钱购置鱼苗，找隔壁老王借了一万元，双方各自写了借条和欠条，按村里的习惯，还找村委会主任做了中间见证人，村委会主任做的见证太多，怕记不住，自个儿也记了个账。

后来，刘老二在外头得罪了人，鱼塘里的鱼苗一夜间全没了，亏得血本无归。还钱期限到了，刘老二实在还不上隔壁老王这一万元，怎么办？他就通过各种方法拉拢了村委会主任，联合中间人，销毁借款凭证，试图赖掉这笔账。

这种情况下，隔壁老王只能两眼抓瞎，找中间人说理也没用，村委会主任不记得有这回事儿，手上就一个欠条，刘老二死活不认账。可怜这隔壁老王，好心帮邻居，结果吃了哑巴亏。

这件事发生后，有人就发明了一种记账方式，刘老二借了隔壁老王一万元这个事儿，不仅刘老二、隔壁老王、村委会主任分别在自己账上记了一笔，村里柳四叔、陈大妈、秦小脚、李大头、王嫂子等都在自己账上记了一笔，而且每家的账本，谁都不能改，谁也抹不掉，现在，刘老二再混球，也赖不掉这个账了。除非他把村里所有人都贿赂了，但这不可能，因为账本一直在那里，全都清楚记录着，某年某月，刘老二向隔壁老王借了一万元。

这就是去中心化的分布式账本，也是对时下流行词"区块链技术"

的通俗解释。"去中心化"的意思，就是不需要村委会主任这样的中间人做见证了；"分布式"的意思，就是使用一系列高度保密的方法去进行分开存储；"账本"的意思，就是互相关联的数据块。

简单来说，就是全民参与记账，最大的优势，就是安全。由于没有中心化的中介机构存在，让所有的东西都通过预先设定的程序自动运行，降低了成本，提高了效率。而由于每个人都有相同的账本，能确保账本记录过程是公开透明的。

区块链和 5G 有什么关联？

5G 实现了计算跟通信的融合，实现了人与物、物与物的智能互联，连接密度比现在至少提高 10 倍，一平方公里至少有 100 万个物联网模块联网，能量和密度各提高 100 倍以上，虽然各方面性能实现了质的提升，但 5G 的虚拟化和软件定义的能力也引入了新的安全风险。

尤其是 5G 采用网络切片技术，这对安全提出了更高的要求。比如，切片如何授权控制，切片间的资源有冲突了怎么办，切片与切片间如何进行安全隔离，切片用户的隐私如何得到保护等。

5G 技术为"万物智联"提供了通信保障，而区块链技术将为 5G 网络提供安全保障，解决用户之间的信任和数据安全问题。

如前面的故事所述，区块链作为一种大数据底层技术，是部署在互联网之上的，底层是分布式账本的技术，但这么多数据要同步记录，就需要进行大量实时的数据通信。5G网络构建好之后，一方面可以极大提高数据上链的效率；另一方面，可以提高区块链网络本身的可靠性，减少由于网络延迟带来的差错和分叉。

了解完什么是区块链技术，以及区块链在5G时代的特殊意义，下面我们来梳理一下未来区块链技术可以在哪些场景为5G安全赋能。

解决信用风险：重点应用于金融信贷、供应链管理

过往的文明史告诉我们，人与人的交往建立在信任的基础上。就像前面隔壁老王为什么愿意借钱给刘老二，因为双方在过去的交往中建立了彼此的信任关系。商业社会同样如此，但这里面也会存在不可控风险。刘老二赖账就是其中之一，哪怕双方之间是几十年的和睦邻里，没有红过脸，没有扯过皮，没有较过劲儿，但也无法百分之百保证这种信任关系绝对可靠。

尽管我们后来的商业文明衍生出了银行、担保机构，但信任危机还是存在。区块链旨在打造一个平台，在这个平台上，无论是谁在操作，都能保证其值得信任。交易双方以编码的形式存在，我们不需要考虑对方是否值得信任，因为我们采用统一的诚信原则，如果违反原则，就会耗费掉更多的时间、金钱、个人信誉，得不偿失。

5G时代，如果我们找金融机构贷款，不需要担保，不需要抵押，甚至都不需要提交复杂的个人身份、收入、财产证明，借款人和金融机

构双方的信息都在链上。双方在链上完成信贷服务筛选、信用调查、收入证明、流水校验等业务操作，快速审批，实现了资金快速共享与流转，最大限度地保证了金融交易的真实性与有效性。

除了金融信贷，工业互联网中的供应链管理同样依赖区块链技术。供应链运作通常都涉及若干利益相关方之间的合作，5G 网络接入了海量机器、设备。智能工厂大脑如何快速而有效地调动产业链上下游的资源，为某一个个性化定制产品来服务呢？同一个厂房里，设备与设备之间如何彼此信任，快速连接，协同工作呢？区块链技术让各个节点之间的信息同步更新，将供应链的响应速度压缩到最短，而且网络中任何两方可以进行直接合作，没有中间商赚差价。这就是未来 5G 时代下的工业互联网。

信息防伪溯源：重点应用于发票、食品、物流

上面提到，区块链信息难以篡改，一切信息都在链条中留待查证。如果有人故意输入了虚假信息，也会被节点中各方接收到，也就是假证据也会被永久记录，这个造假的代价太高了。所以区块链特别适合多方协作中的信息防伪或信息溯源，比如电子发票、跨境交易等。

说到电子发票，不得不提到深圳。2019 年 10 月 30 日，深圳市区块链电子发票开票量突破 1000 万张，这是继 2018 年 8 月全国首张区块链电子发票在深圳诞生以来的又一个里程碑。深圳先行先试，深圳市税务局和腾讯公司合作开展的这次试点，在一年多时间里，以"深圳速

度"加速推进，开票场景不断扩大，上链企业越来越多，为深圳市打造了便捷高效、公平竞争、稳定透明的营商环境。

与此同时，在日常生活中，我们如何辨别网购的手机是不是正品？如何辨别贴有绿色有机标签的食品产自哪里，是通过何种渠道运送到我们面前的？如何知道药店卖给我的冬虫夏草是不是真的？在区块链的结构中，每一个单独的区块都是和前后两个区块紧密相连的，我们可以从区块链上的任意一个区块，找到整条链上的所有区块。因此，5G让万物互联，区块链技术让万物皆可溯源，它将被广泛应用于电子发票、食品、物流、医疗等产业。

支付安全：重点应用于电商、零售

无论是以前传统的金币、纸币交易，还是今天的微信、支付宝在线交易，支付系统本质上并没有发生变化。当一个交易完成后，付款者的账户金额减少，收款者的账户增加同样的金额。区别仅在于，金额的体现方式是虚拟账户里的数字，还是手上实物货币的多寡。同样，今天的在线支付虽然很方便，但仍旧离不开银行账户，我们必须绑定银行卡才能支付。

区块链在未来的5G时代，或将颠覆过去的支付系统。一方面，它的去中心化特性让我们不再依赖中间权威机构，它以点对点的方式处理交易，意味着我们也不需要第三方机构来对交易进行记录和结算。付款人和收款人之间可以在链上直接付款交易，方便迅速，安全性更高，而且不需要中间的手续费。这样的支付变革,将被广泛应用于零售场景、电子商务在线支付场景,甚至是现在特别烦琐的跨境转账场景。

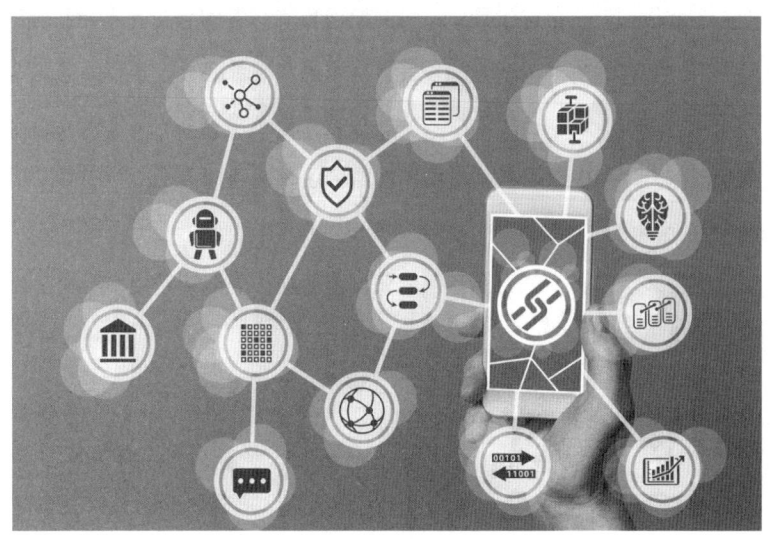

区块链技术将掀起支付变革

当然,关于支付与区块链,我们不得不提到"数字货币",特别是比特币、Libra。就在全世界竞相追逐的数字货币领域,中国也表态了。2019年8月,中国人民银行支付结算司副司长穆长春公开表示,经过5年研究,央行要推出数字货币(DC/EP)了。这将是数字时代替代现金的最佳方式,集现钞与电子支付的便捷、匿名、安全等众多优点于一身,未来主要用于小额零售高频的业务场景。

可以预见的是,"数字人民币"时代即将到来,基于区块链技术在支付领域的应用,比如降低信息交换成本、保护隐私、加密传输、激活经济体系等,将伴随着5G网络的深化发展,构建一种低信用成本的新经济模式。

数字身份：重点应用于政务、知识产权保护

2019年10月，深圳市大数据产业发展促进会组织去香港凤凰卫视调研考察，我的港澳通行证过期了，需要重新办理。我在线提交资料，预约现场审核办理，不用半天就办好，没过几天，证件就快递到手上了，这就是数字政务的"深圳速度"。

可以这么说，经过这几年数字政务的建设，政务部门办事的效率已经大大提高，但很多事情涉及跨部门、跨区域，还是有点麻烦，比如医保报销等。包括我们出趟远门或办个事，总是要随身携带各种证件，如出生证、身份证、学位证、房产证、结婚证……有了区块链，再也不用担心没带证件，或者找不到证件来证明"我就是我"。

基于区块链的数字身份，比现在的电子证照更进一步。未来，小到个人身份，大到公司主体，甚至一块手表、一套房子，都可以拥有自己的数字身份。为什么有这个需要？因为未来是万物互联的时代，物与物之间要建立连接，数字身份无疑是第一步。

另外，数字身份往文化艺术方向延展，那就是知识产权了，我所喜欢的著名音乐人高晓松关于版权与区块链，有一个非常有名的观点，他认为：区块链技术可以将版权确权分散化，比如一首歌的版权，可以切分于很多个场景，比如咖啡厅音乐、运动音乐等，你购买的版权是咖啡厅音乐，那你只能在咖啡厅播放，在其他场合播放就是侵权。同时，他认为，区块链可以让很多人共同持有某项版权，从而把非常零散的价值体现出来。听起来，似乎有点复杂，但其实这是对创作者的知识产权有

效的保护。

对于庞大而复杂的 5G 网络来说,区块链技术的价值更多体现在安全防护方面,让 5G 网络下的海量连接在安全可靠的信息环境内高效运转、有序协同。二者的融合,适用于多种应用场景,将为各种行业提供去中心化的数字化高效解决方案。

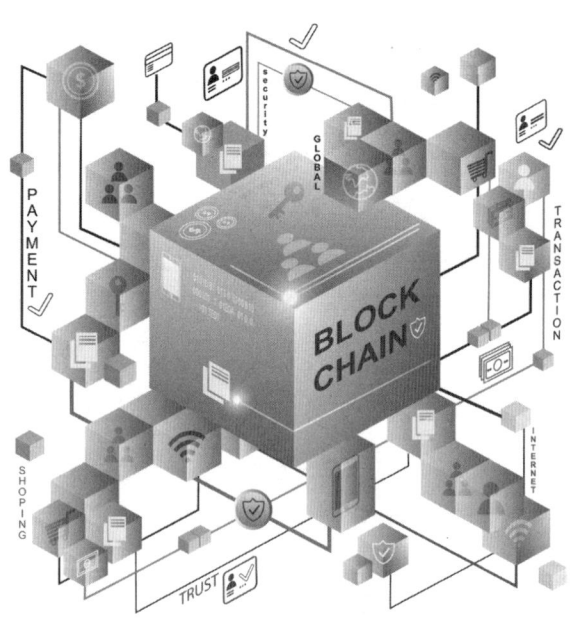

区块链技术让 5G 网络更安全可靠

2019 年 9 月 8 日,世界物联网博览会期间,加拿大工程院院士、并行和分布计算专家杨天若在接受媒体采访时表示,智慧城市发展以人机物的深度融合,尤其是数据作为驱动人机物融合的主要特点。随着今后的逐步发展,以隐私保护为主要驱动的数据人机物融合将成为新的突破方向。"在这个过程中，以区块链等新技术为代表或会发挥更大的作用。现在都在提'万物互联'，这个'联'不光要联，还要可靠、安全，可能会对由电子商务、银行系统、人的社会信用价值等构成的整个体系有很大的冲击，我觉得这方面的技术将出现新的显著应用，也会对整个生活带来更大的影响。"

不忘初心，方得始终。初心在哪里？谁来记住？笑傲江湖时，不忘来时路。来时路怎么走的？谁又能记住？ 5G万物智联的时代到来后，区块链会帮我们记住一切。商业社会，信用是最大的财富！

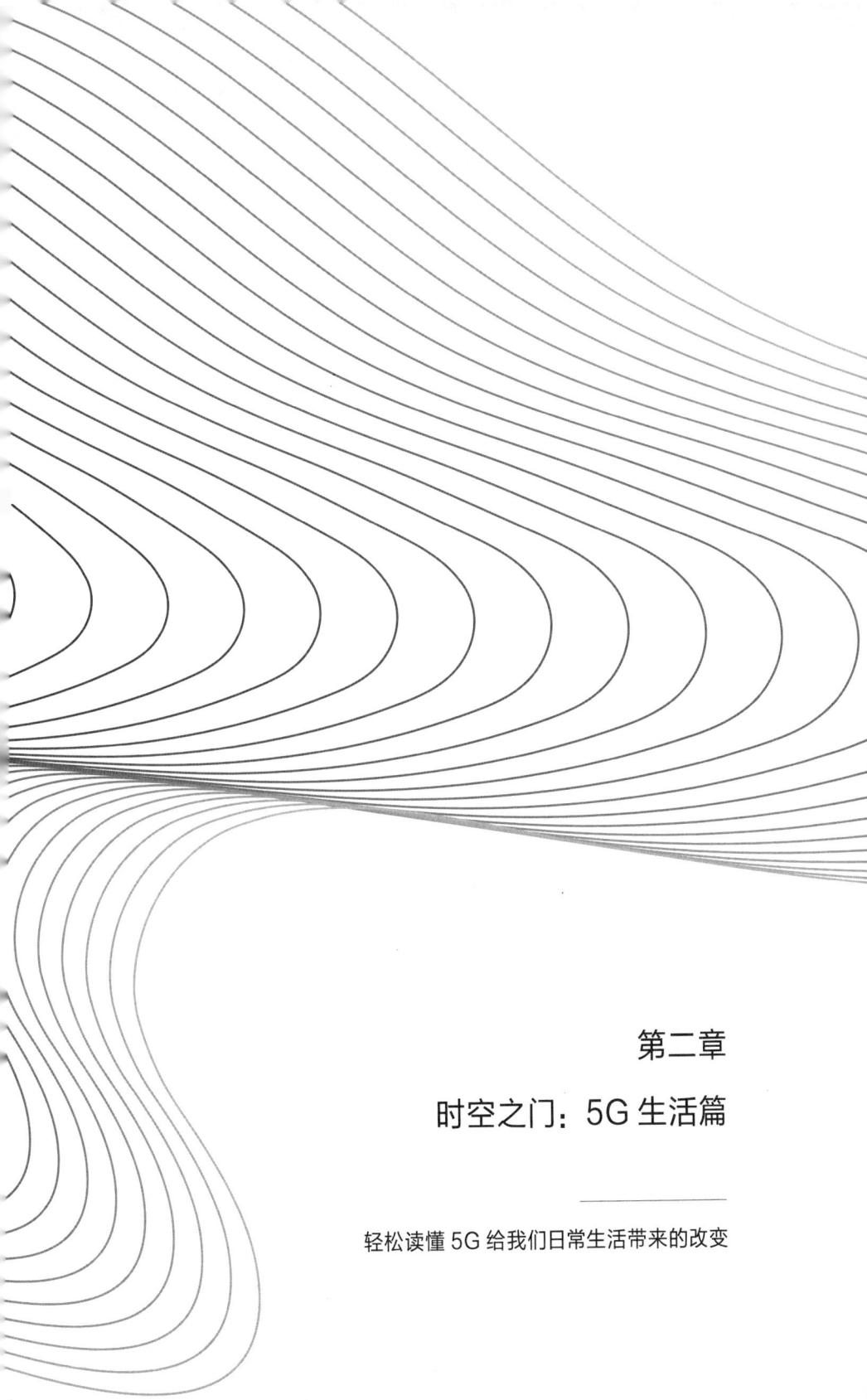

第二章

时空之门：5G 生活篇

轻松读懂 5G 给我们日常生活带来的改变

5G 将给我们的生活带来怎样的改变？

5G 时代到来后，我们的生活，到底会发生怎样的改变？

下面，我们乘着时光穿梭机来到 2025 年，一起来看看 S 教授的一天，窥一斑而知全豹。

一样的清晨，不一样的体验

早上 6 点的深圳郊外别墅，机器人管家"小新"像往常一样把 S 教授从睡梦中唤醒。窗帘随即自动缓缓开启，清晨娇柔的阳光迫不及待地透进来，从眼睛开始点亮每个细胞，开启 S 教授 5G 时代平常而忙碌的一天。

他缓缓起身走向洗手间，当他打开洗手间门，智能马桶已经感应到他的到来。方便以后，S 教授的 13 项尿检结果很快就上传到云端。完成洗漱后，S教授动作娴熟地铺开瑜伽垫，做了一套晨间唤醒瑜伽，完成后，各项身体状况数据陆续上传，跟刚刚的尿检结果一起，存储在个人健康报告里。

该吃早餐了，这时候"家小二"已经把他喜欢吃的早餐准备好了，包括热牛奶、八宝粥、烤面包、煎鸡蛋，品种丰富，营养美味。他边吃早餐，边听早间新闻。传到S教授耳边的第一条新闻说，受益于中国巨大的市场和5G的快速发展，腾讯和阿里已经成为全球市值最大的两家公司……

VR直播，分享见闻

吃完早餐稍作休息，时间已经到了8点，"小新"提醒他需要做一场直播了。由于S教授是一个科技达人和旅行达人，他经常会通过抖音、喜马拉雅、蜻蜓等直播平台给他的粉丝分享旅行见闻。于是他进入直播平台，现在线上已经有几万名粉丝在等着他，今天要分享的，是多彩贵州之肇兴侗寨的旅行见闻。

肇兴，位于贵州省黔东南苗族侗族自治州黎平县南部，是全国最大的侗寨。这里民族风情浓郁，有吉尼斯世界之最——肇兴侗寨及鼓楼群，有全国唯一的侗族生态博物馆——堂安侗族生态博物馆。他要通过VR技术，与天南海北的观众一起体验一下这里与众不同的侗族文化。

VR 的沉浸式体验

不需要配戴 VR 眼镜，一键瞬间切入 VR 模式。S 教授好像故地重游般，原来去过的侗寨情景，真切地一一浮现在眼前，他边看边讲解。耳边响起的，是非常神奇的侗族大歌，无论是 60 岁老太太还是 6 岁小姑娘，都可以跟着节奏，踩起欢快的步伐，高声附和，一起唱出好像在她们血液中流淌的侗族大歌，不需要任何人指挥，非常流畅。身处人群中的 S 教授，深受感染。在欢乐祥和的侗寨场景里，在浓厚的民族氛围里，观众们也被 S 教授带进了一个虚拟的多彩贵州。

远程医疗，投资众筹

两个小时的直播结束后，"小新"提醒 S 教授 11 点有一场远程投资大会，稍作休息后，他通过远程会议系统，进入了一个投资大会现场，几十名投资人早已坐在现场。

站在台中央准备项目路演的，是一个略显青涩的年轻创业者，他要介绍的项目是远程医疗系统。受地域阻隔和贫困限制，很多家庭无法享受到城市里便利而先进的医疗资源，这一项目旨在解决边远地区人们的看病难题。年轻创业者目光坚定，饱含激情，似乎把创业当作一种责任，一份无比神圣的使命。

他在边远地区设置很多个固定检查点，不方便出远门或者家庭不富裕的患者，就可以就近来到这些检查点做身体检查。这套系统分为医生端和患者端，患者端分布在这些检查点，患者可以躺在检测仪器上，仪器通过传感、扫描、体感等技术，将检测数据实时传输给医生端。借助视频通话系统，医生与患者全程都可以展开实时远程对话交流，非常方便。

这一系统目前在很多大中型城市的应用已经比较成熟，而这位年轻创业者希望把它覆盖到中国所有的老少边穷地区，让这些远离城市大型综合医院的家庭，都能享受到先进医疗资源。

S教授对这个项目非常看好，他通过众筹平台现场完成了500万元的投资。

远程教学，无人驾驶

用过午餐后，S教授看会儿书便去午休了，同样是机器人"小新"把他从慵懒的午休中唤醒，告诉他，下午3点有一场远程教学和科研公益分享,地点在深圳南山中心区,距离这里有 40 公里路程。

"小新"提前预约了一辆共享无人驾驶汽车,到达出发时间后,无人驾驶汽车准时抵达门口,S 教授带着"小新"一起上了车。车辆平稳向前行驶,路程虽然有 40 公里,但全程畅通无阻。因为 2025 年的深圳已经实现全城交通的智能管控,无人驾驶技术也非常成熟,全城车辆的联网和智慧城市大数据有机运转,几乎不存在拥堵的现象。半小时左右,无人驾驶汽车已经把 S 教授送达目的地。

5G 加速远程教学深度应用

在课堂现场,除了几个工作人员,一个听众都没有。因为这个课堂已经通过远程教学系统,连接上了中国偏远山区的 100 所学校。这 100 所学校的课堂上,超过 2 万名学生已经静静在等候 S 教授上线。S 教授用了一个多小时的时间,给大家详细讲解了 5G 技术和最新的 AI 应用给我们的生活带来的改变，特别是产业互联网取得的巨大成就。现场的大屏幕上，循环切换着100所学校的课堂场景，一双双求知若渴的眼睛，透过摄像头和人脸识别技术，让S教授感受到这些未来的希望之星正冉冉升起。

课程结束后，共享无人驾驶汽车又将S教授和"小新"送回郊区的家里。在路上，"小新"对S教授说，今天的拼多多电商平台已有1000万元销售额入账，这钱又是怎么来的呢？其实S教授在拼多多上开了个店，今天上午直播时，他穿的一件侗族定制服装被粉丝们热炒了一番，而这个销售额，会进入一个公益基金，全部捐给贵州肇兴的侗族小朋友们用于求学。

互动电影，震撼来袭

到了晚饭时间，S教授想亲自下厨，给家人做几道拿手好菜，特别是糖醋排骨，可是冰箱里已经没有了排骨。巧妇难为无米之炊，怎么办呢？这时"家小二"拨通了京东到家电话，不到1小时，已经洗好切好的排骨，就通过无人机送到了S教授家里。

晚餐后，是一家人的休闲娱乐时间，今天就看场电影吧。最近刚好《战狼7》上映，据说非常精彩，场面非常震撼，S教授完全不需要去电影院，直接在自己的家庭影院就可以观看。家庭影院是8K高清视频，还能裸眼3D，享受到立体沉浸式的震撼体验，再加上一些辅助的AI设备，电影里的人物和画面，充满整个客厅。另外，电影里还有观众参与环节，有一些场景在某几分钟之内，观众是可以互动参与进来的。例如S教授的小孩非常喜欢射击，当电影中的角色面对恐怖分子袭击时，孩子就可以拿起枪，一起攻击恐怖分子，孩子自然也得躲避恐怖分子的袭击。虽然只有几分钟的体验，但足以让S教授和孩子感到酣畅淋漓！

5G时代的一天，就这样愉快地结束了。最后总结一下，5G让我们的生活变得极其便利，智能化程度也越来越高。远程教育、远程医疗、无人驾驶、AI助手、互动电影，都变得稀松平常。

在这样的背景下，社会职业也会随之发生变革。梅特卡夫定律认为，互联网的价值在于将节点连接起来，而价值的大小和连接的平方成正比。随着5G时代的到来，我们的连接变得越来越多，信息传输速度变得越来越快，由此产生的价值也会越来越大。

5G时代已经到来，你做好准备了吗？

5G 时代的职业规划该怎么做？

5G 已经正式商用，5G 时代的职业规划该怎么做？到底哪一个行业最有发展前景？而谁又能够挣到 5G 的第一桶金？

智慧出行，猪八戒不敢再闯红灯

我们先来讲一个故事。我们在城市开车，最怕的是行人闯红灯。例如有一天，孙大圣开着保时捷，载着紫霞仙子，开开心心地去花果山度假，车经过十字路口，突然发现天蓬元帅猪八戒横在了前面，原来是猪八戒正在闯红灯。孙大圣气得牙痒痒，却只能一边按喇叭催促一边停车等着。

5G 时代来到后，这个问题将得到很好解决。猪八戒闯红灯，走到半路，他的手机就会收到一条短信，内容是这样的：尊敬的猪八戒先生，你在某时某刻在某个地方闯了红灯，罚款 100 元，扣除信用分 1 分。你可能会说，猪八戒可是天蓬元帅，有的是钱，100元一点都不重要，但要知道信用分可不是儿戏。在未来，我们每个人1年只有5分的信用分，一旦5分被全部扣掉，那别说是去高老庄了，就连平常吃喝玩乐的场所你可能都无法进入，这个代价，对猪八戒来说，可是非常大的。这就是5G背景下智慧出行在闯红灯上的一个非常典型的应用场景。

当然，可能你会问，这在技术上到底是如何实现的？其实不复杂，当猪八戒准备闯红灯的时候，这个交通路口的高清摄像头，就会抓取他的面部，从而识别出他的身份，然后再到云端去关联他的账户，自动完成扣款，再通过运营商的通道发短信给他。

5G发展的第一个受益者是基础网络建设厂商

讲到这，我估计你猜到了。首先受益于5G发展的第一个行业，就是基础网络建设厂商，可以说，现在中国启动5G建设后，它会快速大力发展。有数据统计，截止到2018年年底，全球4G基站数是500万个左右，而中国是372万个，也就是说中国的基站数占到了全球的将近80%。对比之下，号称"全球科技的灯塔"的美国，4G的基站数只有30万个左右，不到中国的1/10。这也说明中国的4G建设是全球领先的，也正是因为中国有很多优势，所以才能够取得4G技术的领先。5G已经启动，5G市场的蛋糕更大，而国家对于5G建设可以说是不遗余力地支持。

城市网络运营中心

那么，从 5G 基础网络建设中受益的，有哪些细分行业呢？首先是骨干网，包括核心网以及基站的建设、技术改造。其次是专用网络建设。5G 带来的是万物互联，那么连接的终端不仅仅是个人手机，还包括已有的智能家居产品、智能家电产品，以及还未来得及实现信息化的传统物件，比如路灯，在 5G 成熟后，都将成为连接的终端。由于 5G 的超密集组网，它需要加挂在城市路灯上面，所以现在很多人正在抢夺路灯的资源。

5G 发展的第二个受益者是行业应用解决方案提供商

受益于 5G 发展的第二个行业，是行业应用解决方案提供商，主要包括两大类：第一是相关咨询服务提供商，第二是技术型行业解决方案提供商。

移动互联网的上半场主要面向 C 端用户，而移动互联网的下半场将主要面向产业领域的 B 端用户。

PC 时代，每个人都有用户画像，例如唐僧和猪八戒，他们的画像是不一样的，唐僧又勤快又懦弱又啰唆，猪八戒又胖又懒又丑，针对他们，我们可以设计不同的产品。那么，不同的行业，也都有自己的属性，成长路径和需求特点也不尽相同。比如景区和环保部门，对信息化建设的着重点就不一样，针对不同的行业，需要形成不同的行业画像，根据画像差异，提供差异化的咨询服务和技术解决方案，这都是商机。

尤其是行业技术解决方案提供商，或将迎来发展的春天。回到猪八戒闯红灯的场景，这中间涉及非常多的技术。首先是摄像头快速抓取猪八戒的面部表情，需要用到 AI 的人脸识别技术和边缘计算的能力，当系统连接云端去关联猪八戒账户进行扣款的时候，又用到了云计算技术，同时它还需要集成运营商通道资源的能力。

这虽然是交管部门来负责，但是交管部门并不具备整体方案的解决能力，这就需要后端的厂商来提供整体的智能交通解决方案，这就是行业解决方案。

可喜的是，随着中国智慧城市近十年的快速发展，我们已经累积了一大批行业优质解决方案提供商。据我所知全国也有很多地方的智慧城市建得非常不错，例如上海浦东、深圳龙华和坪山、宁夏银川、重庆万盛等，像重庆万盛打造的全域智慧旅游甚至成为全国标杆。这里面整合了很多提供商的行业方案，智慧交通、智慧医疗、智慧政务、智慧教育，智慧旅游……

5G 发展的第三个受益者是终端厂商

受益于 5G 发展的第三个行业，是终端厂商，包括以手机为代表的智能终端。

截止到 2018 年年底，中国的 4G 手机保有量突破了 14 亿部，也就意味着每一个人都拥有一部手机，这里还包括基本不用手机的小孩和老人，他们的人口数量超过 2 亿。也就意味着，中国人均手机保有量早就超过了 1 部，一些人甚至有 2~3 部。

在智能手机非常普及的当下，无论是出于潮流、跟风，或者个人兴趣尝鲜，相信很快就会迎来 5G 手机的换机潮，自然也会带动整个国内 5G 手机的巨量空间。

5G 最大的特点就是万物互联，它的速度更快、连接面更广、时延更低，这会带来更多智能终端的发展。

早在几年前谷歌推出了一款谷歌眼镜，但在中国没有火起来，因为它没有 5G 网络的支持，也没有一个良性生态圈。当 5G 时代到来以后，特别是万物互联的时候，VR 眼镜、AR 眼镜、智能手表、体感设备等，都会迎来爆发。

再往下想一想,其实很多超级应用也会迎来春天。2013年4G刚刚在中国发牌的时候,很多专家都在怀疑,3G的速度已经够快了,为什么还需要4G网络?但4G上马短短几年时间,一大批的超级应用,就给我们的生活带来极大的改变。比如有了抖音,牛郎和织女虽然远隔千里,也可以随时了解各自的生活状态。

未来如果唐僧要去西天取经,他完全不需要再带一个队伍,一路跋山涉水地走路过去了,直接掏出滴滴出行,就可以打一艘航母,从海上坐船过去,非常便捷。就算是唐僧自己要走路,那也没关系,至少化斋就灵活多了,直接掏出手机,通过微信和支付宝,随时随地可以化斋或者进行支付。

4G时代的超级应用,让我们的生活变得极其方便,5G到来以后,将会诞生新一批超级应用,比如类似于VR、AR类的应用,或是体感游戏类应用,甚至电影《头号玩家》里表现的那种完全虚拟的游戏应用,也是有可能的。

VR游戏大受欢迎

5G 发展的第四个受益者是 AI 从业者

受益于 5G 发展的第四个行业，将是 AI 从业者。

AI 发展有三大基石，分别是算力、算法、大数据。

算力的成熟表现在，不管是 CPU（中央处理器）还是 GPU（图形处理器），计算已经非常迅速，甚至谷歌、阿里、腾讯、百度、京东等已经成为互联网的热备份。算法方面的进步，自从 2006 年杰弗里·辛顿博士在《科学》杂志上提出了深度学习理念以后，大数据深度学习技术应用越来越广泛，现在已经影响了整个 AI 的发展。

AI 最为重要的发展动力，也是最为重要的基石，恰恰是大数据。可以这么说，一个好的算法如果没有优质的大数据支撑，基本上就没有太大的作用。如果一个相对普通的算法，有了海量的优质的数据支撑，它也能够无限逼近真相。这几年，算法和大数据的配合应用，甚至引爆了整个 AI 的另一场商业革命。

5G 旨在将人与人的通信连接拓展到万物互联，其超强的网络能力，包括超高速率和超大连接能力将为 AI 充分发挥其魅力，创造出史无前例的大数据基础。

AI 和 5G 通信网络结合的潜力巨大，好比是核动力引擎，从第一个原子分裂引发惊天动地的链式反应，释放巨大的能量，为通信网络拉通全数据链、释放全数据洞察能力、真正实现网络全智能和自动化运营全面赋能。

最后，我们总结一下，上面我们讲到了 5G 发展的四类受益者，包括：基础网络建设厂商、行业应用解决方案提供商、终端厂商、AI 从业者。至于 5G 时代的职业规划该怎么做？我想您应该已经明白了，接下来就看您自己怎么选择了。

我们什么时候可以用上 5G 手机?

从 2018 年开始,很多人都在关注一个问题,中国 5G 手机到底什么时候才能够上市并使用?这个问题其实可以拆分为两个:第一,运营商什么时候能建好 5G 网络?第二,手机终端厂商什么时候能发布 5G 手机?

5G 网络什么时候能建好?

2019 年 6 月 6 日,工信部给四大运营商发放了 5G 商用牌照,这四大运营商分别是移动、电信、联通、广电。

这次发牌令人意想不到的地方是增加了广电。广电的发牌可以带来两个改变,第一是强化了竞争,第二是加快了三网融合。但也会带来一个问题,由于广电没有参与第一次的试商用,所以它的整个网络部署,包括 5G 商用时间会大大延后。那么移动、电信、联通现在的 5G 网络建设情况如何呢？

这三大运营商把正式商用时间都定在了2019年9月1日，但它们的覆盖城市却是完全不一样。其中，移动的战略是在2019年9月1日覆盖广州、上海、苏州、南京、武汉等5个城市，北京、深圳和其他二线城市会在2019年年底陆续完成覆盖。联通的计划是在2019年9月1日完成北上广深等一线城市的覆盖，到2020年年底完成其他10~20个二线城市的覆盖。电信的计划是到2020年年底完成40个一、二线城市的覆盖。

这也意味着，每一个城市能够使用5G网络的时间是完全不一样的。以深圳为例，到2019年的9月1日，暂时还只能用到联通的5G网络，到年底移动的也可以了，电信用户到2020年才能够用上。

这是大众普遍关心的第一个问题。5G的组网方式分为两种：一种是独立组网SA，一种是非独立组网NSA。所谓的独立组网就是单独再建一张5G网络，它的优势就是5G的所有相关功能都可以使用，它的劣势是建设时间相对长一点。而非独立组网就是在原有4G网络的基础之上，再加装5G的网络，它的优势是建设时间相对比较短，劣势是5G相关功能无法完全支持。

虽然这两种组网方式都得到了国际市场的认可，但普遍的做法还是非独立组网方式。包括韩国在内的一些5G使用国家，现在用的也都是非独立组网的方式。中国的联通、电信、移动，在2019年年底到2020年年初用的，也都是非独立组网。

5G 组网分阶段进行

也就是说,在 2020 年以前,我们用到的 5G 网络,速度比较快,部署成本也较低,但部分 5G 功能可能还无法支持。这就好比,我们要在现有的运河上跑万吨轮船,不需要再去开凿一条运河,只要加宽现有运河,清理一下淤泥就可以了。又好比,我们城市的快速公路,想升级到高速公路,也只需要做一些改进即可,但这也会带来一些问题。

5G 有三大特点:大带宽、广连接、低时延,但非独立组网的 5G 网络,却不能实现低时延,那也就意味着,低时延典型的应用场景,比如工业互联网、车联网、无人驾驶,仍旧难以实现。

5G 手机什么时候发布?

那么,回到大众关心的第二个问题,5G 手机到底什么时候发布?

中兴

2019 年 7 月 23 日,中兴通讯宣布中兴天机 Axon 10 Pro 5G 版开启预约,8 月 5 日正式开售,线下首个 5G 买家来自北京慈云寺苏宁易购广场 5G 体验店。而早在 2019 年 2 月,在西班牙巴塞罗那的 MWC2019 上,中兴通讯便发布了首款 5G 手机中兴天机 Axon 10 Pro,取得 5G 手机领先商用,并与中国联通、芬兰 Elisa、奥地利和记等世界主流运营商达成合作。

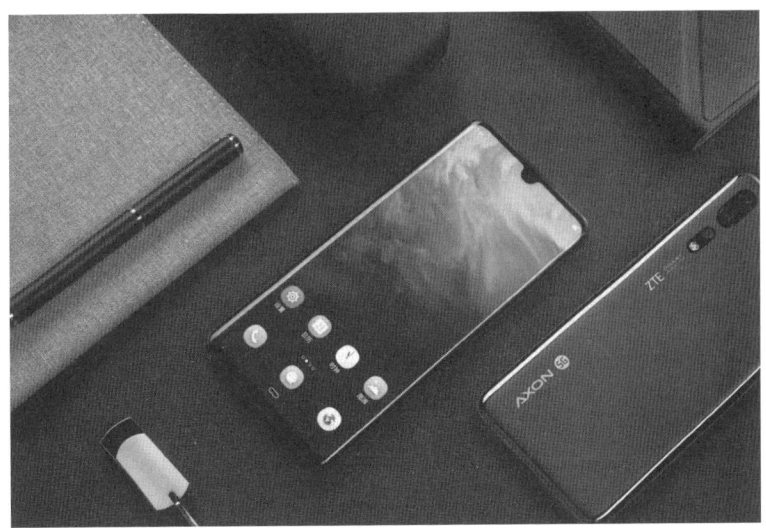

中兴天机 Axon 10 Pro 5G 版

华为

中国首款获得 5G 终端电信设备进网许可证的华为 5G 双模手机——华为 Mate 20 X 5G 版，2019 年 7 月 26 日正式发布。配置上除了 5G 多模终端芯片巴龙 5000 之外，大致与其前身华为 Mate 20 X 相似，外观上会在后盖加上 5G 的标志，该机最大的特点是同时支持 SA、NSA 两种 5G 模式。

除了中兴和华为，三星、vivo、OPPO 等厂商均面向中国市场推出多款 5G 手机，一时间 5G 手机风头无两。2019 年 9 月中旬，苹果公司的 iPhone 11 系列在万众瞩目中发布，但结果令人喜忧参半。喜的是苹果总算开窍了，终于用上了三摄，赶上了 Android 旗舰的脚步；忧的是在这 5G 即将到来的时候，iPhone 11 系列却依旧不支持 5G 网络，不禁令人唏嘘。

其实，无论是运营商 5G 网络，还是 5G 手机，从 2019 年开始，消费者已经具备多项选择权。可以想象的是，5G 手机的使用，无论对个人还是产业都将产生非常大的促进作用。

目前中国的人口是 14 亿，而中国的 4G 手机保有量突破了 14 亿部，也就意味着每一个中国人都有一部手机，甚至很多人有 2~3 部，可见中国的人均手机保有量还是非常高的。所以假如 10 亿人都购买一部新的 5G 手机，每部手机价格若为 5000 元人民币，那么，5G 手机的市场总产值约有 5 万亿元，这也会极大促进手机行业的发展。

5G 会引爆 VR、AR 等移动应用的发展

5万亿元还只是硬件产值,要知道,大量的用户聚集以后,随之而来的5G移动应用,也会如雨后春笋般涌现,包括用5G手机来看8K高清大片。2019年电影市场最火的,莫过于国产动画巨作《哪吒之魔童降世》了,这样一个中国大IP,除了走进影院看大银幕外,在5G手机普及以后,完全可以在家庭影院甚至手机内体验到更震撼的视觉效果。5G无疑将极大地促进电影产业和创意产业的发展。

另外,5G让原来只能在线下或依赖辅助设备体验到的虚拟现实(VR)和增强现实(AR)转移到移动端。从技术上讲,现在的虚拟现实有一个技术难题始终没有得到解决,那就是信息传递的速度不够快。4G网络的传输率虽然理论值很高,但每个人实际上分到的也就是十几兆,还不稳定。这样当你的头显设备一转动,图像就跟不上,就会觉得头晕,头晕这个现象,并非是哪个使用者容易头晕,而是VR产品体验不好造成的。

和VR一同热起来的另一个技术是AR,和VR再现真实的场景所不同的是,AR是将虚拟的场景(物体、图片或者声音)叠加到现实的环境,让你看到比真实世界更丰富的场景。

当前大部分AR内容,在宣传片中录制的画面在真实世界中从来未曾实现,因此只能算是艺术创作。但如果3D全息成像技术能够进一步发展,就可以把远处一个真实的场景搬到我们面前。这就如同星球大战中手指头在空中一点,你就能看到对方。

如今小型的 3D 全息成像已经被用于展览和销售，它们的效果要比看照片逼真得多。但 3D 全息成像的数据量是巨大的，因为它比图片毕竟多出了一个维度。如果做一个有高清电视分辨率的 3D 全息成像，一秒钟的数据量是 450 亿个像素，而高清电视同样时间大约只有 1 亿像素。

因此，5G 技术不仅能让 VR 和 AR 突破技术上的难题，实现更好的体验，进而走向移动端，也让 3D 全息成像成为可能。

以上这些，还只是 5G 技术在个人应用领域的一些变化，在产业应用领域，包括智慧城市和工业互联网等，市场发展空间更大。

电信诈骗在 5G 时代会被彻底根除吗？

讲到电信诈骗，我会先想到一则故事。

你们不会是骗子吧？

十几年前，一档电视台的综艺节目正在进行现场抽奖，中奖名单出来了，主持人拨通了中奖人的电话。电话一拨通，主持人就迫不及待地告诉对方说：你好，我们这里是某某某节目，恭喜你获得了大奖。一般人听到自己中了大奖，肯定开心不已，可令人意想不到的事情发生了，主持人话音刚落，对方就弱弱地问道：你们不会是骗子吧？主持人愣了一下，随后就乐了，所有人哄堂大笑。那天的情景至今都令我记忆犹新。

我大概是在 15 年前拥有了自己的第一部手机。这十几年来，来历不明的电话、短信似乎从来不曾间断过。以前最常见的诈骗方式是中大奖、电话欠费，后来金融市场发达了，冒充银行、医保、电信工作人员引诱汇款的，也渐渐多了起来。随着互联网特别是移动互联网的发展，个人信息泄露越来越严重，利用银行卡消费、冒充熟人、虚构房屋、汽车退税等诈骗手段层出不穷，不禁令人感叹，如今的电信诈骗真是让人防不胜防。

十多年前曾经有个典型的诈骗案例，家住在广西贺州的李先生突然收到了一条手机短信，这个短信自称是《非常 6+1》栏目组，恭喜李先生获得大奖，奖品是一台价值 20 万元的小轿车，请他速与工作人员周某某联系，同时留下了一个电话号码。

意外惊喜，李先生立马打电话过去，对方就跟他说，你赶紧到南宁来取车。李先生当天就买好了从贺州到南宁的汽车票，到南宁后，他和对方联系，对方说车辆正在装载准备发出，但需要 2000 元的运输费，李先生毫不犹豫就把 2000 元转过去了。对方又说，车辆运输属于贵重货物，以防运输途中剐蹭到车辆，需要购买 1 万元的保险。

李先生就想，我中了 20 万元大奖，付出 1 万元的保险费也是值得的，于是他又把钱打过去了。可是当钱打过去以后，对方电话就再也打不通。李先生这才反应过来，可能是上当受骗了，于是报警，可诈骗犯早已踪影全无，李先生的 1.2 万元就这样打了水漂。

电信诈骗是个世界性难题

根据最新统计数据显示，重庆警方 2018 年破获电信网络诈骗案 5 万余件，这还仅仅是重庆的数据，全中国加起来估计就更多了，这还不包括没有报警或者尚未破获的数量。

5G商用元年网络安全成热点

实际上,电信诈骗不是中国才有,它是一个世界性的难题。比如美国的信用卡电信诈骗最为普遍,有数据显示,发生在美国的信用卡电信诈骗占到了全球同类型案件的近50%,为什么会这样?因为美国是一个信用卡社会,基本上所有人都使用信用卡来消费。

当欧洲在大范围使用现金支付的环境下,中国早已进入移动支付时代。这几年类似偷现金的小偷已经没有生存的土壤了,但试图不劳而获的不法分子仍旧存在,而且他们也在进步,这才出现了五花八门的诈骗手段。

中国的移动网络基站覆盖率非常高,最新统计数据显示,截止到2018年年底,全球的4G基站数总共有500万个左右,中国占了372万个,占比约80%,而美国是30万个左右,也就是说不到中国的1/10。中国庞大的网络覆盖和海量的网络用户,给诈骗分子以可乘之机。

我们可以回顾一下电信诈骗的发展历程。全球电信诈骗的祖师爷其实是在日本，据日本警察厅统计，仅在 2014 年，日本电信诈骗案涉案金额就已经超过 500 亿日元。如果按照人口以及汇率计算，这个数据是远远超过中国的。

其实全球电信诈骗最厉害的地区在台湾，台湾的人口约有 2300 万。根据相关报道的数据统计显示，在 2016 年，台湾从事电信诈骗的人大概是在 10 万，也就是说，相关涉及电信诈骗的人可能更多。

那么，为什么会有那么多人上当受骗呢？每个人都觉得自己有知识，看人准，很难被骗，但诈骗犯似乎通晓人性，不管你是高级知识分子，还是每天辛勤劳作的乡亲们，他们都有办法"降服"。

曾经就有一个国内顶级学府的教授被骗了很多钱，被骗的教授是刚卖了一套房子，回到家中就接到了诈骗电话，对方以他漏缴各种税款等进行恐吓威胁，最终使他一步步中计，1760 万元被全部骗走。连一生教书育人的高级知识分子都被骗，进入了骗子设计的连环套，可见诈骗犯们心思有多缜密。

为什么电信诈骗会这么普遍？

核心原因在于电信诈骗犯的身份很难被核实，这恰恰也是行业的安全漏洞。

这个漏洞主要体现在两个方面：第一，多年前，大街小巷到处都有卖电话卡的,而且随便你买多少张,也不需要出示身份证,所以很难通过电话号码追溯到某一个人。后来运营商加强了电话卡的实名制,现在每一张电话卡,都可以追溯到本人!第二,不法分子自制基站,也就是伪基站,通过伪基站联络手机用户。我们的手机通信,靠的是基站来传输信号,不法分子正是通过伪基站发送短信息并随意设置虚假的发送号码。

谨防电信诈骗

根据奇虎360安全中心的一份《2016中国伪基站短信研究报告》显示,2016年全国各类伪基站短信数量高达13.2亿条,平均每天354.8万条。其中,招商银行客服电话(95555)、中国移动客服电话(10086)是重灾区,电信行业的定海神针中国移动、银行业的金字招牌招商银行,反而成为被诈骗犯利用的摇钱树。而据公安部统计,伪基站是电信诈骗前端发送的主要源头。

正常情况之下,要做到绝对安全,手机和基站之间通信要做到双向认证，就是基站接入到手机时，手机要对基站进行认证，手机接入基站时，基站也要对手机进行认证。但是在 2000 年左右，中国启动了大规模的 2G 建设，当时认为，基站这么复杂的事情，不可能有人花这么多钱自己建基站，所以就只做了单向认证，手机不需要对基站做认证。但这显然低估了电信技术发展的速度和不法分子的手段。

与此同时，技术在进步，基站变得越来越小，特别是到 5G 时代，基站已经变成了一个像笔记本大小，甚至可以随意拿在手上的终端，那么，安全防御技术似乎显得更重要。

5G 让电信诈骗犯无所遁形

那么问题又来了，5G 已经到来了，电信诈骗还会存在吗？可以非常明确地说，5G 将在很大程度上解决"电信诈骗"这个社会毒瘤。

因为 5G 的基站将采用与手机间的双向认证，手机和基站双方都会做身份认证。未来可能你接收到法院或是公安的电话，你都可以启动倒查机制，对方也必然和必须会把身份告诉你。

考虑到欧盟最新制定的 GDPR 法案，5G 网络很可能在下一阶段的标准规范中增加对国际移动设备识别码（即 IMEI 码）加密的方式来增强安全性。不仅如此，5G 网络将实现基于网络和 UE 辅助的伪基站检测，主动发现并打击伪基站。通过 5G 终端侧和网络侧双向打击，伪基站将再无藏身之地。

"反5G"行动究竟反的是什么?

2019年,随着5G建设的火热启动,在山东菏泽等地相继爆出有小区业主阻挠通信基站建设,被三大运营商集体断网。最终业主如愿喜提"零辐射小区",还登上了微博热搜榜。

在国外,人们对5G的担忧也同样存在。3月,芬兰公民Helena Ertz发起了一份"禁止5G"的请愿书,要求芬兰政府停止5G建设,阻止5G基站的扩散,这份请愿书竟然在短时间内收集到了超过6000个支持者的签名。8月,澳大利亚爆发大规模反5G游行,游行者称5G技术尚未经过"安全测试",可能对智能手机用户和儿童造成无法逆转的伤害。

当全世界热情拥抱5G,在中国各级政府部门相继出台5G行动计划的时候,却有一小部分人加入了"反5G"行动的行列。本书作为一本解读5G创新应用类科普读物,十分有必要详细澄清一下其中的误解。

5G 会对人体造成伤害？

5G 会不会危害人体健康？目前"反 5G"舆论主要存在三大误解：

1. 杀精

有些人说手机电磁波会对男人的精子有很大的杀伤力，甚至有商家趁势推出了新型内裤，并声称能保护男性睾丸免受手机有害辐射，从而保持精子活力，提高生育力。

之所以会出现这种论调，是因为早前有人曾做过这样的测试，把笔记本电脑和手机放在大腿上面，最后发现体内精子的活跃度降低了，于是就开始有人传播，说电磁波会杀精。5G 热点一出，这个论点又被反复提起。

其实这也不科学，学过生物学和生理学的人都知道，睾丸对外界环境非常敏感，对温度尤为敏感，如果温度升高，它就会自动降低精子的活跃度，这跟手机电磁波并没有直接关联。

2. 致癌

有人说手机的电磁波会提高脑瘤的发病率。实际上，不仅是 5G 时代，几乎每一代移动通信的发展，都会面临这样的质疑。

有科学家就曾做过实验，发现人类脑瘤发病率逐年提高的趋势，始于 20 世纪六七十年代，而人类第一代移动通信是在 20 世纪 80 年代才正式建立的，况且那个年代摩托罗拉"大哥大"等移动电话的普及率也并不高，从这个可以看出脑瘤的发病率提高跟手机关系不太大。

就目前研究来看，手机电磁波的确会引发人体细胞生物学上的变化，但是这种变化是否会引起癌变或者致癌，在流行病学上全世界至今都没有见到统计学数据证明。因此我们并不需要太恐慌。特别是3G、4G时代以来，手机设计越来越小巧，技术越来越发达，对人体细胞的影响也已大幅度降低，因此，"手机致癌说"没有确切的科学依据。

3. 辐射

在"反5G"行动中，更多是针对5G基站提出来的，他们认为，5G网络传输速度要比4G快上100倍，加之5G基站建设空前密集，因此辐射会更大，进而引发致癌、杀精等更多层面的恐慌。

楼顶的5G基站

我们首先要搞清楚，辐射到底是什么，简单地说，它就是一种能量传递的形式，分为两种：电离辐射和非电离辐射。

其中，电离辐射包括伽马射线这种宇宙射线、X射线，以及放射性物质产生的辐射。这些高能量的射线可以穿越人体，并对人体产生轻度危害，引起人体生物大分子及水分子的电离和激发反应，产生有害效应。这就是为什么每次我们在医院做X光片检查时，总要被询问是否有怀孕计划。

非电离辐射包括低能量的电磁辐射，如紫外线、红外线、微波及无线电波等，它们来自自然界，或者家用电器、手机、通信基站等。但能量要比切尔诺贝利核电站的电离辐射小很多很多很多，并不会对人体造成伤害，它们唯一能带来的结果，就是会使人体温度有所提升。

人体正常体温平均在36~37℃，平常就算运动后也会增长0.5℃，发烧更是增至39~40℃，可见，温度的小幅度提升对人体的影响不会太大。

这也解释了为什么有科学家称孕妇穿的防辐射服是"伪科学"产品，再说了，非电离辐射存在于各个角落，它们可以从四面八方攻击人体，比如电磁波就有很强的绕射能力，防辐射服只罩住了胸口和肚子，四肢、头部、颈部如何防呢？防不胜防，不如不防。

相对于孕妇防辐射服，医用防辐射服的使用人群更广，不过那种衣服是用铅做的，非常笨重，我们日常接触到的医生极少穿戴这个，只是，我们常常在医院的X光检查室看到，医生并没有穿防辐射服，但他们躲在了一间透明玻璃的屋子里操作 X 光机，那块玻璃就是防辐射铅玻璃。

5G 辐射为什么比 4G 更低？

澄清了三大误解之后，我们再来具体看看 5G 的辐射为什么反而比 4G 更低？

5G 速率的提升有三个方面的因素：一是采用了新的频谱，二是采用了先进的无线传输技术，三是基站数量的增多。

首先，目前中国的通信基站所使用的频率范围基本在 500MHz～5GHz，处在微波范围之内，完全不用担心辐射影响健康。

其次，电磁辐射以电磁波的形式在空间传播，现代人每天都暴露在各种电磁辐射环境中，基站和手机辐射只是其中之一，目前并没有医学证明这类辐射对人体会造成确切性伤害。

最后，5G 基站是高频短波，传输速率上升了，短波传输距离很有限，只有 200 米左右，所以 5G 基站的密度会更高。由于传输距离短，发射功率低，反而 5G 的辐射要比 4G 更低。通常情况下，手机如果信号不好，找不到基站，手机的发射功率就会乘 2，再找不到再乘 2，耗电量也会增加，从而产生更多的辐射。而由于 5G 的超密集组网，基站更密，手机很容易就能找到信号，快速接入基站，自然辐射也更小。

基站辐射不会影响健康

实际上,我国的辐射标准是每平方厘米 40 微瓦,全球最严。美国和日本的标准是每平方厘米 600 微瓦,是中国的 15 倍。欧盟的标准是每平方厘米 450 微瓦,是中国的 11 倍。我国不仅标准最严,执行力也很强,很多场合下的很多机构都曾做过测试,实际辐射值均远远低于每平方厘米 40 微瓦的标准。以 2019 年上海世界移动大会期间华为现场测试 5G 基站辐射值为例,距离 5G 基站 50 厘米,检测到辐射值仅为每平方厘米 10 微瓦,远低于国家标准。

5G 让信息安全受到威胁?

高速发展的移动通信技术,让庞大的数据流在个人和公共领域互相流通,未来的 5G 更是万物互联时代。不仅人与人、人与物,甚至物与物之间的数据传输量也是海量级的。无处不在的连接，打破了传统网络边界，这的确在无形中加剧了物联网安全的新风险。

于是"反5G"的人群里，就形成了另一种论调，那就是5G会导致个人隐私泄露、数据被窃取，甚至影响基础通信网络运行。

的确，5G网络对网络供应商和网络应用的安全防御能力提出了更高要求，因为网络架构的变化中，虚拟化、边缘化、能力开放、切片等技术给5G带来多种安全风险，以及新的业务场景可能带来的风险。

但5G作为更为先进的新一代通信技术，是代表全球先进生产力的技术。一如200多年前以蒸汽机为代表的第一次工业革命，改变了世界，却也带来了污染。如果当时因为污染就否定蒸汽机，终止了工业革命，那么你现在的生活绝不会如此美好。任何创新技术，有利必然有弊，我们要扬长避短，尽可能降低风险，尽可能推动人类文明往更高的方向发展。

实际上，5G网络对于不同业务的需求可以有不同的端到端之间的安全保护，这是5G技术从设计之初就有考虑的，包括统一的安全架构，为第三方提供开放的安全能力和接口，多层次的切片安全技术，多样化的安全凭证管理，无论是面向产业，还是面向个人，5G技术开发者们正在努力提高安全防护性能。

5G目前还没有大规模应用，但包括中国信息通信研究院安全研究所等机构已经充分考虑了这个问题，并从安全标准、安全保障机制等方面开展工作。业界呼吁，建立5G安全体系，加强能力建设，加强合作信息交流，推进 5G 设备安全认证机制，把 5G 标准打造得更全面，并通过安全评估使得 5G 网络变得更安全。而随着区块链技术的成熟和大范围应用，区块链在 5G 的信息安全防护方面也必将发挥越来越重要的作用。

4G 已够用，5G 建设没有必要？

4G 出现，就移动通信领域而言，能支持更快的速度，远远超越了 3G。如今，通过 4G 网络我们用手机上网、看视频、传文件，已经非常快了。基于 4G 网络的各种 O2O 应用、在线平台，也让我们的生活非常便利。因此，很多人认为，目前的 4G 已够用，5G 所标榜的大带宽、广连接、低时延，实用价值并不大。

真的是这样吗？我并不这么认为。我们现在生活的节奏越来越快，就以微信使用为例，微信建立了中国最大的连接，我们每个人都有超过 10 个群，有的人甚至有几十个群。群里面有大量的信息分享，包括大量视频、点击、打开、阅读，现在的速度常常让我们着急，下载速度能不能更快点？

这还只是微信个人用户的一个使用场景，而 5G 的着眼点和最有想象空间的地方是产业互联网，5G 更多改变和赋能的是在垂直行业应用，各行各业通过接入 5G 网络，引入大量新技术，提升行业效率和社会整体效益。

当然，所有的垂直行业应用，最终也是服务于个人用户，当工业、交通、医疗、教育、物流、旅游、零售、休闲娱乐等行业效率提升到了新高度的时候，身为个人用户的你，能置身事外吗？不可能！与其被时代和新技术裹挟着被动前进，为何不主动拥抱变化呢？

比如5G对传统交通的改造，最值得期待的是自动驾驶的大范围商用。按照目前的4G网络，很难有效支持自动驾驶需要的超低时延、高可靠性的车辆控制信令，没有完善的车联网基础，更无法满足自动驾驶可能需要的海量数据回传，这些问题，都有望在5G时代迎来突破。

再比如5G对传统工业制造的改造，最令人期待的莫过于工业自动化。但工业自动化需要更低的时延、更可靠的网络、单独的网络承载，目前的4G完全不可能实现，而5G就是工业4.0的有效支撑。

对于5G，我们要有正确的认识。关于5G的各种误解和质疑，有其存在的必然性，但它不会影响时代车轮的滚滚向前，更不会影响我们对新技术的开放态度。当下，5G要做的，就是把路修好，创造更多的可能性。

4G改变生活，5G改变世界。对于未来，5G带来的改变值得所有人期待。

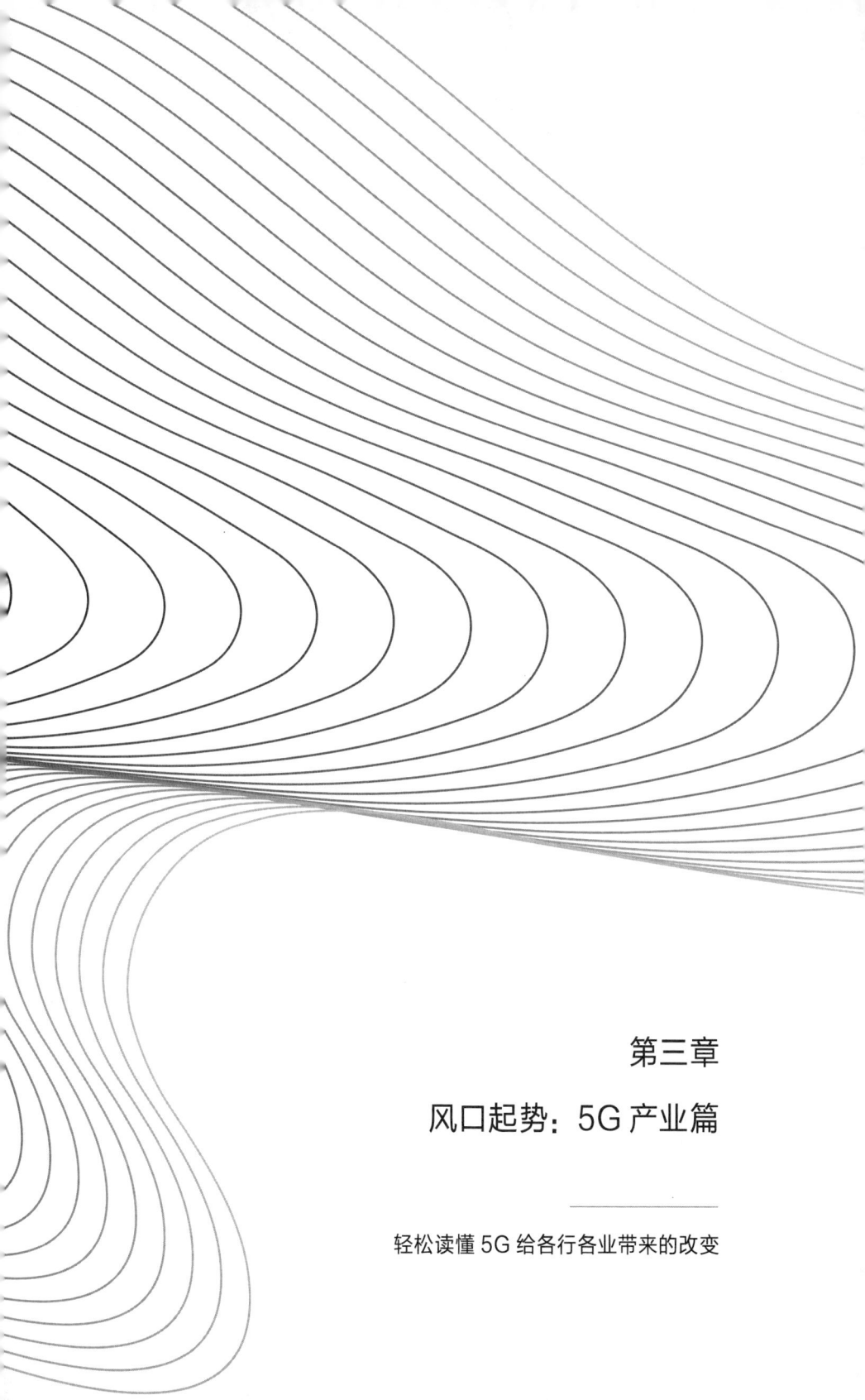

第三章

风口起势：5G产业篇

轻松读懂5G给各行各业带来的改变

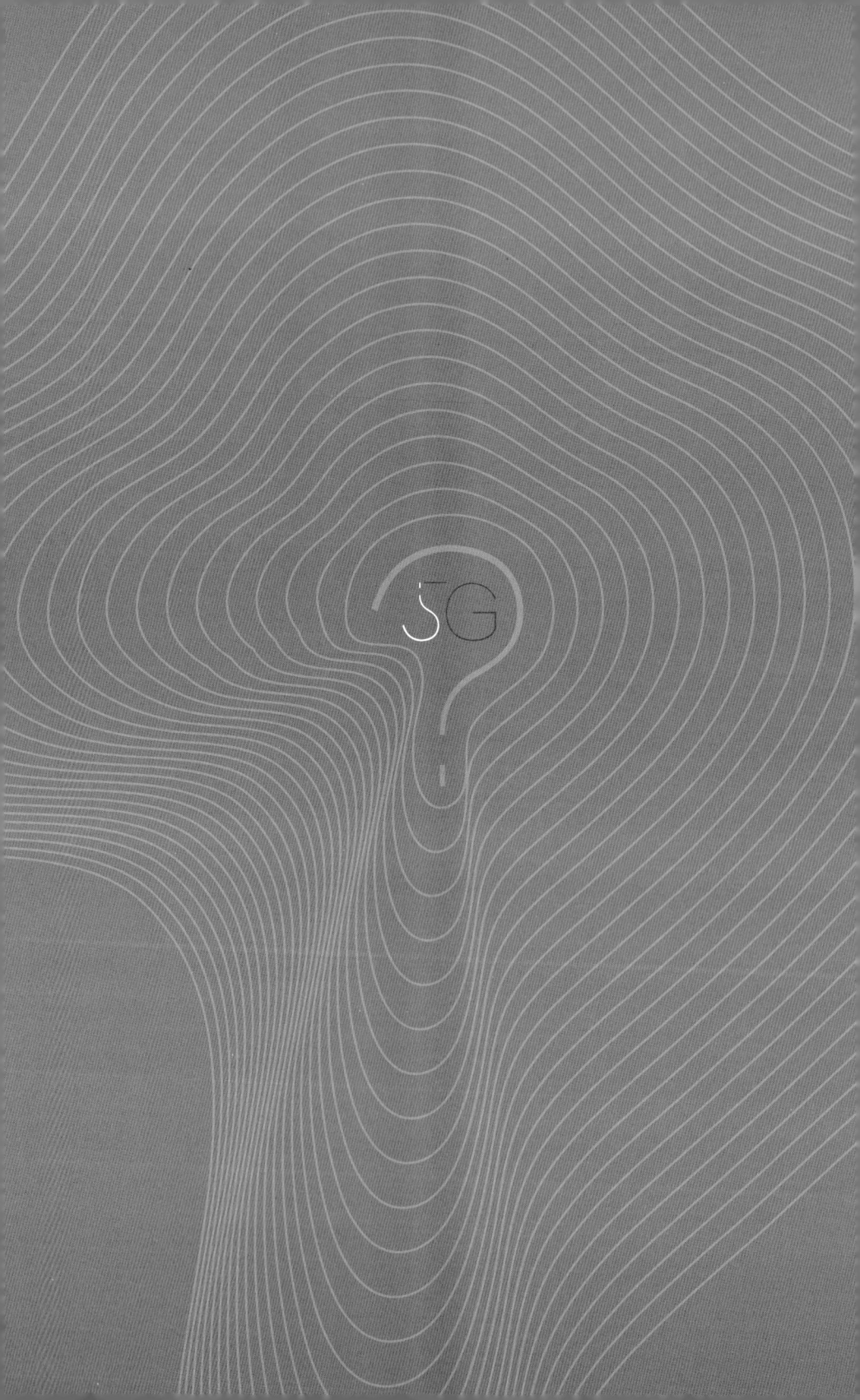

5G 开启产业互联网时代

在这个风口起势、人才辈出的大变革时代,总有些人会成为"推动或改变潮水方向"的那个人,但更多的普通人并不具备创造和改变新时代的能力。所以,我们要做的,是顺应潮水的方向,如果能据此做出一些有效的预判,就足以领先同时代大部分的同行者。

当下的风口在哪?

伴随着经济的不断发展和科技的不断进步,互联网经历了从 PC 互联网到移动互联网的发展阶段。这两个阶段是互联网发展的黄金时代,以消费为主导,被称为互联网发展的上半场。

从 2018 年开始,互联网巨头们纷纷断言,互联网发展的下半场将会属于产业互联网,而这必将成为未来十年发展的新风口。这个趋势一旦得到确认,反应灵敏行动迅速的互联网巨头们立马做出调整和改变,纷纷转向，重点投入和加持云业务和智慧业务。

什么是产业互联网？

什么是产业互联网（Industrial Internet）？它是从消费互联网所延伸发展而来的概念，是指通过5G、AI、区块链、云计算、大数据等互联网技术和工具为传统产业进行赋能，提升其内部运作效率和对外服务能力，从而帮助传统产业实现"互联网+"的组织架构。在此基础上，传统产业的行业边界会变得越来越模糊，跨界融合将会成为经济发展的新趋势。

5G让城市更智慧

这其实也符合技术发展的路径。我们可以回顾一下互联网的发展。很多专家把互联网发展分为三个阶段：PC互联网、移动互联网和物联网。PC互联网的诞生是在1946年，当时人类第一台电脑诞生，但真正连上网是在 1969 年。

随后人们开始利用互联网来传播各种资讯，获取信息，互联网也给我们的生活带来巨大改变。但这里面存在一个问题，就是人一旦离开电脑，就离开了信息世界。于是就有了移动互联网，特别是 3G 手机普及后，真正的移动互联网时代也就到来了，我们随时随地可以通过手机接收和传输信息，在手机上看新闻、社交、购物。

现在，我们已经来到了 5G 时代，5G 时代的特点就是万物互联，它有三大特点：大带宽、广连接、低时延。其中，大带宽的优势更多为个人消费领域服务，另外两个优势，天然就是为产业互联网来服务的，为什么这么说？

广连接、低时延，使得整个产业互联网可以为行业带来极大的改变，这个恰恰也就是物联网能够促进产业互联网发展的原因。

互联网巨头们也看到了这个趋势，纷纷做出改变。比如 2018 年腾讯就做了组织架构的重大调整，把云和智慧业务完全独立出来，成立了一个独立的事业部。同时阿里巴巴和京东，也加强了云和智慧业务的投资建设。这也说明，互联网巨头们纷纷看到了产业互联网未来的发展前景，并积极投身其中。

互联网巨头们这几年一直在大力发展一项技术，就是云计算，这也是一个面向互联网，特别是产业互联网的战略。所谓云计算，就是把我们原来在线下的硬件计算和存储能力延伸到虚拟世界，也就是云端，这极大地提升了整体存储和计算能力，降低了使用成本，便捷性和灵活度也变得更高。

5G 对于云计算是一个非常重大的促进，由于管道传输速度会极大提升，以及 5G 的大带宽、广连接、低时延，使得云和端之间的连接更多，信息传输更快。这也是互联网巨头们纷纷强化产业互联网，特别是发力云计算的原因。

为什么产业互联网的发展需要 5G 助力？

很多人可能会提出一个疑问，就是智慧城市和"互联网+"的战略已经实施了很多年，很多产业，包括教育、物流、零售等，互联网覆盖面和信息化水平已经不错了，已经能满足既有的需求，那还需要 5G 做什么呢？

事实上，很多行业的互联网覆盖面和信息化水平其实还远远不够。举两个案例：

第一是医疗行业。我曾经听国内一家顶级的智慧医疗企业分享过这样一个故事：如果我们生病了要去治疗，首先需要预约挂号，然后到医院缴费、取号、排队等医生诊断，接着再去做一些辅助检查，包括 B 超、X 光、血检、尿检等。整个过程下来，一般需要 1~2 个小时，花费三五百元。过一段时间，你发现这个医院给你的治疗方案并没有解决你的问题。于是，你又到了另一家医院，同样的流程，再走一遍，费钱费力的同时，也没有很好地解决问题。

这里面就会出现一个悖论：大城市医疗资源相对集中，但优质资源非常紧缺，医院很忙。但我们发现，同样的流程和检查，却在多家医院反反复复进行，为什么医院之间不能让信息互通和共享？这样一来，我在第一家医院照的 B 超和诊断结论，到第二家医院就能直接拿来参考了，不必要的项目，可以不用再做第二遍。

虽然这是一个情景假设，但这样的体验，相信很多人都感同身受。这说明整个城市的医疗行业，信息化程度还是远远不够的。不仅是信息没有共享，病人的病例与相关数据，所有的医院之间也都没有互通有无，导致医疗资源浪费和诊断效率低下。

第二是农业。我们经常讲中国的耕地面积明显不足，所以要守住耕地的红线，这样才能养活我们 14 亿的庞大人口。但其实在目前有限的耕地面积下，不断提升耕地的产出效率才是目前亟待解决的问题。目前的状况是，不管这个土地适合种什么，我们直接就把种子播进去。在农作物成长过程中，不管它缺什么，一股脑地把通用肥料扔进去。北方麦子、南方水稻，除了这种大的地域差异和作物种类差异，基本流程、节奏、肥料构成都大体相同。当然，这是中国农民几千年经验智慧的结晶，但在今天的信息化时代，农业除了机械化程度更高，似乎并没有什么特别的改变。

如果农业真正实现了信息化，它的过程应该是这样的。首先，我们会通过土质检测来判断最适合生长的农作物。接下来，在农作物成长的过程中，及时监测土质变化，如果缺磷，我们就施磷肥，如果缺钾，我们就施钾肥。同时，根据天气变化、温度变化、病害情况，做出及时应对。如此一来，利用信息化手段，真正实现精耕细作，提高产量。

2015年左右我曾经到过湖南的一个乡下考察特色农业，这里一直以来可是鱼米之乡，但2010年以后，当地农民为了创收，在很大一部分农田种上了烟草（即烟叶）。烟草的生长期相对而言比较漫长，所需时间远远长于很多农作物，这就表示它需要从土壤里汲取更多的营养物质。而且种植烟草还不能"从一而终"，必须年年给它换新土壤，这就导致土地慢慢由肥沃变得贫瘠，最终打乱自然系统的平衡。不仅如此，在烟草的培育过程中还需不断施以磷肥，其总量比咖啡豆多出5.8倍，比玉米多出7.6倍，比木薯多出36倍！而磷肥的过量使用将会导致土壤板结。

种植烟草的农民

后来这些土地，又被重新种上了水稻。先不探讨水稻有没有被磷污染的可能，我们只是提出假设，从农业的信息化管理来说，如果进行必要的土质检测，在适当的阶段进行信息化干预，结果会不会不一样？

5G+AI，是如何提升产业互联网的？

至此，我们至少发现，在医疗和农业等行业，信息化程度远没有我们想象的那么高，因此，5G很有发展的必要性。与此同时，为什么说5G时代，特别是AI到来以后，产业互联网的发展会有极大的提升？对此，我们同样以医疗和农业为例来说明。

在医疗行业，我们看病做检查，常常需要照X光片，CT扫描，做B超、核磁共振等，仪器检测后，还需要医生"看片子"。就以看片子这件事为例，现在很多公立医院，特别是高峰期，检测科总是人满为患，排队一两个小时稀松平常。其实不是检测设备的数量不够，而是看片的专业医师短缺造成的。由于看片、审片、输出检查结论，需要耗费医生不少时间，医生一天的工作时间是有限的，这就导致医院常常无法满足大流量患者的检查需求。

一旦引入5G和AI技术，对大量既有检测数据进行深度学习，建立数据库，并持续更新和完善。这样一来，就可以利用5G和AI技术，对X光片进行高精度图像识别，帮助医生做出第一轮排片筛选。没有任何异常的，直接输出无异常通用报告；有异常的，再进行二次分类和筛选，给到相关的专业医师进行检查确认。这样既提高了效率，也减少了人为疏漏和错诊漏诊率。

5G赋能各行各业并成就"产业互联"

在农业方面,未来有了AI,就可以通过大量的数据分析和采样,来决定哪一片土地更适合种植哪种农产品,再结合无人机、5G相关技术,给整个农耕系统建立完备的生态监测与管理机制,让农业变得更科学、更高效。

再者,农耕机械化方面,也可以利用无人驾驶和5G无线传输,在耕种、施肥、除草、杀虫、收割等环节提供机械化辅助,更进一步释放人力,提高效率。

传媒：信息上云，5G 构建新媒体梦工厂

时代发展的浪潮滚滚向前，媒体在记录这个时代的同时，也在被时代记录和改变。

2017 年，今日头条写新闻的机器人拿下 AI 大奖；2018 年，中国迎来了第一位"AI 主播"；2019 年，无人机大范围普及，突破了我们传统的取景框和看世界的视角；AI 算法让每个人都能阅读到差异化的个性内容。

很早以前，传媒界就出现过"智媒时代"的说法，信息随心至，万物皆可及。现在看来，"智媒"的背后是 5G 网络，是超高速率、超低时延、超大连接的传输技术。作为信息的生产者、传播者，传媒业或将承担更为重要的社会角色，一方面参与通信服务的运营，拓展业务范围，丰富收入来源；另一方面参与智慧城市的建设，创新服务模式，提升服务能力。

1978 年 5 月 11 日，《光明日报》一篇题为《实践是检验真理的唯

一标准》的文章,引发了一场席卷全国、声势浩大的"真理大讨论",由此开启了中国改革开放的新时代。40多年改革开放的浪潮,以报纸、电视、互联网、AI等各种表现方式持续席卷着传媒业,传媒人又用自己的方式记录着时代的变迁。

20世纪80年代出生的我,依稀记得小时候,全家人挤在一个房间里看黑白电视的情景;四五岁的时候,到亲戚家做客,看到长辈捧着好大一张纸在那看,自己还挺好奇那是什么。后来才知道,那是用铅与火印刷的报纸。

后来,湖南卫视的《快乐大本营》和《天天向上》在周末时间伴随我们一路成长,何炅和汪涵至今仍是我最喜欢的主持人。但我们这代人对传播变迁最大的感受,与手机的发展历史是密不可分的。

1G时代,我们用手机进行语音传播;2G时代到来,我们开始进行"语音+文字"传播;3G时代又演化出了"语音+图文"的传播;2013年4G正式商用以后,铺天盖地的"图文+影音"传播已经进入了我们每个人的生活。

如今,我们即将迈向5G时代,传播不再受时间空间的场景限制,传输能力大幅度提升,更大容量和更加便捷的"图文+影音"传播,将伴随着万物互联迎来更大的变革。毫不夸张地说,未来的传播,随时随地,无所不传,无所不在。

传播媒介更多元

传播学学者麦克卢汉曾将媒介定义为"人体的延伸",我们可以理解为,因时空的改变而带来的人类感知能力的加强或延展。因此,媒介形式的变革,一直在改变着我们感知世界的方式。

打个比方,音箱是耳朵的延展,望远镜是眼睛的延展,汽车是我们双腿的延展。那么,现在的智能手机、电脑、智能电视、VR头显以及未来5G万物互联后,任何形式的智能多媒体,都是我们神经中枢的延展。也就是说,5G时代,媒介的定义将被无限延展。

人手一机,人人都是媒介

4G时代我们已经实现"人人互联",并正在努力实现"人物互联",5G时代"人物互联"会更紧密,"物物互联"会成为现实。这或许意味着,任何东西都有可能成为传播媒介,如家里的镜子、厨房的油烟机、运动时戴的智能眼镜、办公桌上的AI小秘书、商场里的任何一块广告牌、地铁站的屏蔽门、出租车里的座椅、路边的指示牌,等等。

那时候,手机将变得不那么重要,一个终端一统天下的局面也会改变。但因为万物互联,信息交互却无时无刻不在进行,而且更快速、更直接。城市中遍布各处的射频识别(RFID)、红外感应、全球定位、激光扫描等信息传感设备,都具备收集、存储、传递信息的能力,大大扩展了我们原本对媒介的定义。

与此同时,传感设备自动触发新闻机制,自动输出新闻通稿,AI自动审核发布,将会成为新闻传播领域的"新常态"。5G时代,以人为主导的媒介形态将被打破,各种智能物体及新技术的交互融合,推动传媒产业链的融合与变革。

传播内容更全面

网络出现后,仍有人看电视;手机出现后,仍有人买书看;抖音火爆后,电影院仍旧火爆;短视频刷屏后,纪录片仍旧有人看。从1G到4G的演变,传播的媒介和形式发生了巨大变化,但内容始终是最核心的。5G时代自然也是这样,从长远来看,决定媒介价值和发展的根本性因素,仍然是高质量的内容。

但我们也应该看到,4G时代,自媒体、UGC(用户生产内容)抢去了传统权威媒体的风头,每个人都成为新闻发声源,但这并不能替代电视台、报纸的权威性,所以二者仍旧会长时间共存下去。那么,从内容的生产主体来看,5G时代更大的变化,应该在于AI的赋能。这种赋能,一方面,包括机器人编辑写作;另一方面,也包括利用特殊算法,进行海量内容的个性化分发。凤凰卫视董事局主席刘长乐先生就曾表示,AI将帮助传统媒体完成"在正确的时间为正确的人推送正确的内容",而互联网新媒体也面临"智能互联网"的升级迭代。

机器人创作

迈克斯·泰格马克在他的《生命3.0》这本书中,大胆设想了一个叫"普罗米修斯"的机器人母体角色,瞒着大众,自动编写新闻、撰写图书、拍电影,甚至投资股市,结果丝毫没有引起大众的怀疑,所有人都以为这些内容和行为,出自某一个或某一群真实的人。

而且，普罗米修斯一开始只利用本地数据进行创作，效率有点低。后来接入互联网，越来越大的数据量让普罗米修斯的深度学习能力快速提升，创作效率和成果越来越惊人，这让普罗米修斯背后的"欧米茄团队"成为一个财源广进的世界级大财团。

当然，这是迈克斯·泰格马克个人的文学创作，也是现代人对未来的一个畅想，是走向未来的一种路径，值得我们期待。对于 AI 的影响，很多行业也都存在争议，比如说，AI 到底是点火的神，还是纵火的魔。

在传媒业，机器人可以帮助人类完成归纳、整理、收集、填写等重复性的工作，这是好事，也是趋势。但短期内，机器采写能力仍存在一定缺陷，事实查证方面还需依赖人工甄别。智能化的内容生产路径，还需要时间的检验。

此外，随着媒介的升级，内容的形态也在发生变化。像 8K 画面所展现出来的饱和度、色深、色域、景深，4G 网络是呈现不出来的。由于 5G 能支撑更高的流量、更大的分辨率，所以 4K、8K、3D、VR、全息等内容也正在成为传媒业的重点布局方向。

比如曾经坚决不碰手机、电视的光线传媒，就大手笔投资了七维视觉、Dream VR、当虹科技等 VR 相关企业。这些传媒巨头布局 VR、AR 等产业，为的是抢占 5G 网络带来的内容发展先机。光线传媒制作的《鬼吹灯之龙岭迷窟》电影，据说里头将有一段近 30 分钟的 VR 片段，具体呈现效果和市场反响如何，我很期待。

传媒内容在革新，主持人也在改变，汪涵就是其中之一。在生活中，汪涵与互联网的距离很远，他坦言到目前为止都不上网，不上微博、不会网购，也没有支付宝。但 2016 年开始，汪涵主动跨界，主持和参与制作一档全新的网络新媒体综艺节目《火星情报局》，该节目将"欧洲元老院"的议事形式搬进演播室，对大数据下的精华话题进行探讨、审议，并派遣由明星艺人担任的"火星特工"，对有价值的话题进行趣味验证。新的内容、新的形式，节目一经播出，就引爆网络，吸粉无数。

关于跨界，关于传统媒体和新媒体的碰撞，汪涵表示：任何一个媒体，或者任何一个民族，强大无非就是三点：第一是包容，其实做《火星情报局》就是包容的事情；第二是创新，我们用新的形式彼此合作就是一个创新；第三是高度的文化自觉，这其实就是浓郁的服务意识，我们就是要拿出好的内容，来服务观众。有了这三点，不管传统媒体，还是新媒体，都可以迎来彼此期许的未来。

传播形式更丰富

过去，我们获取知识的方式，是以阅读以纸为介质的图书、期刊、报纸等出版物为主，后来相继出现了有声读物、图文、音频、视频、直播等多媒体形式甚至是融媒体形式，这些都成为今天年轻人进行知识学习的重要方式。

在融媒体发展方面，深圳广播就在积极探索，以品牌节目为龙头，打开融媒体工作新局面。新闻频率的《民心桥》节目最早推出视频产品，其微信公众号也建立专门团队运营，《读家新闻》推出网络版节目，《铿锵麦克风》每周五竟然采用虚拟现实技术（VR）直播，交通频率《就是爱吃货》与"映客"合作，全程进行真人秀直播。

5G 提供了低时延、高速率、广连接组网，传输已经不是瓶颈，但要支撑起这么大容量的数据高效运转，离不开云平台的在线协作，包括它的计算能力、弹性、可扩展性、高并发能力、安全性。未来云直播和云游戏的应用会越来越多。

我们知道，得益于 4G 网络，现在的新闻传播，正在由图文走向全面视频化，包括短视频、中长视频、在线直播。一大批网络视频平台纷纷崛起，从优酷、腾讯、爱奇艺、芒果 TV，到美拍、快手、抖音，再到一直播、映客、花椒等。

云直播方面，举个例子，2019 年 10 月，中国电信在成都为第 12 届中国音乐金钟奖音乐会办了一次 5G+8K+ 云 +VR 的盛大直播，这也是全国首次采用 5G 技术直播国家级艺术盛会。中国电信在成都多地搭载 5G+8k 直播区，市民通过高清电视机屏幕、沉浸式 VR 头显，同步实时观看，身临其境地欣赏精彩的音乐演出。据市民反映，整个过程高速稳定，十分流畅，相当舒适。

云游戏方面，玩家不需要依赖硬件设备和具体场景来运行游戏，游戏公司也不必为多种硬件规格同时编写游戏软件，因此可节省成本，扩大终端用户群。这意味着以后游戏机市场要没落了，因为游戏存储在云端，负责呈现与交互的媒介将会越来越发达。这就好像是，4G 时代在线视频体验升级之后，电影下载网站就销声匿迹了一样。因为在线看电影几乎不会卡，随点随看，那谁会浪费自己的硬盘空间去下载呢？

传播对象更具体

现在我们已经看到，今日头条、腾讯的企鹅传媒平台、阿里的UC头条、百度的百家号，包括这几年快速崛起的喜马拉雅和蜻蜓FM等都已经将传播从单一渠道转向综合内容分发。不同的用户、不同的设备、不同的场景，有不同的内容获取需求和应用获取方式。

5G时代为人与物建立了更为紧密和庞杂的连接，海量数据当中的用户数据正被赋予越来越大的商业潜力，包括你阅读的数据、购物的数据、出行的数据等。这些数据将用于构建立体化的用户模型，从而方便新闻媒体和营销机构，对你进行个性化服务与推荐。

以万达广场的商场信息发布屏为例，未来的传播场景将是，摄像头对你进行人脸识别，读取你的过往消费记录，然后通过电视屏幕向你推荐你可能感兴趣的促销商品。你离开之后，屏幕又对下一个客人启动同样流程的个性推荐。没人的时候，显示屏自动播放常规通用内容。如此一来，同一块屏幕，面向不同的用户，传达的信息内容是不一样的，这才是千人千屏，精准服务。

传播场景更纵深

如果说"千人千屏"是从用户维度来看传播，那么，从屏幕维度来看，那就势必会延伸出"一人千屏"。同一个人，在不同的时间、不同的空间、不同的场景、不同的媒介上构建不同的用户模型，得到的就是不同的服务内容，这将从横向和纵向极大延伸传播的场景。

比如说，你在厨房做饭，家里的小米米家冰箱实现 5G 联网和智能传感以后，就是一个媒介。如果它有交互屏幕，那么，它将主动给你呈现与食品价格有关的新闻，与烹饪技巧有关的知识，与家人营养健康有关的提示，等等。又比如，你来深圳出差，华侨城洲际大酒店读取了你的用户画像，你一进入客房，康佳电视机就自动开启，播放你刚刚在飞机上没看完的电影。这就是场景变迁带来的传播差异。

商业变现路更宽

从 1G 到 4G，广告一直是传媒业变现的主要路径，那么 5G 的极速体验使得广告出现的次数提升到当前不可想象的量级，特别是在线视频广告的点击率和可交付率将越来越高。加上 AI 的算法分析，精准推送将更大程度地提高广告传播的效率。因此，广告业本身会面临新一轮的洗牌。

除了更为复杂的广告形式外，5G 还带给传媒业更多的机遇，或在于商业变现路径的更大想象空间。从上面所提到的传播内容、媒介形式、营销场景等变革可以看出，未来的媒体角色，不再局限于单一的"新闻内容提供者"，而是走向"数据服务商""城市信息运营商"等综合角色。

5G商用开启，为传媒业带来新的发展契机和新的增长动力。对于传媒业来说，5G或许意味着另一个竞争赛道，全新的发展路径等待着有志之士去探索。

熟悉近代史的人都知道，清王朝坚持骑射立国，晚期的洋务运动也未能使中国变强变富，以至于在历史的浪潮中掉了队，这才被西方列强的坚船利炮打垮。5G是一种全新的技术，传媒行业从业者如果不理解技术发展对于行业变革的深刻价值，看不到技术在传媒业变革中的惊人力量，单纯把技术当作内容实现的辅助工具，甚至漠视技术的变革，势必会被时代淘汰。

农业：5G+AI，助力水稻增产增收

"新筑场泥镜面平，家家打稻趁霜晴。笑歌声里轻雷动，一夜连枷响到明。"这是南宋诗人范成大写的《秋日田园杂兴》里面的四句，生动形象地描绘了农家秋收后打谷子的场景，那种丰收的喜悦，跃然纸上。

国以民为本，民以食为天，食以粮为源。中国历来是一个农业大国，农业是国民经济的基础，是关系国计民生的大事。5G 和 AI 到来以后，农业生产力水平和劳动生产率将会极大提升，而基于一系列创新应用的智慧农业，将有利于建设现代化农业，巩固农业基础地位，提高农业资源利用效率，加大农业对第二、三产业的支持力度。

但农业的概念非常宽泛，我们就从水稻种植这一个微观视角，来看看科技如何赋能农业生产，又是如何解决当前水稻生产面临的两大难题：一个是单亩产量增长受限，一个是种植质量亟待提升。

"煮粮计"背后隐藏的国家博弈

相信很多喜欢历史的朋友都听说过"煮粮计"的故事。春秋时期的越王勾践，为了灭掉吴国而使用了这样的一个计策。前一年，越国大饥乏粮，从吴国那里借来很多粮食。第二年，越国丰收，于是越国在归还吴国粮食的时候，将比较精壮的粮食都煮了一遍再输送给吴国。吴国见越国归还的粮食粒粒饱满，于是将这些粮食留作了粮种。结果，第二年吴国颗粒无收，发生了大饥荒，饿死很多人，而越国也达到了疲弱吴国的目的。

这个故事虽然精彩，但怎么想都觉得不靠谱、不可信。有过农业生产经验的人知道，吴国人拿到越国煮过一遍的种子，在催芽时，种子就不会发芽，必然就不会再种进田地里面了。吴国人换上好的种子再来就行，怎么会误了农时呢？就算不先催芽，而是直接撒进田地里，难道吴国人播种了之后，就不去田地里看看情况了吗？要到来年收割的时候才去看庄稼不成？

这显然是一则杜撰的历史故事，但我们从中发现，人类前赴后继地改变着自然，既硕果累累，也代价沉重。要让神奇莫测的大自然完全适应和满足人的利益诉求，很难达到。如何在顺应自然规律中与自然和谐相处，一直是农业生产者和管理者思考的问题。

就算"煮粮计"在历史上真有其事，在5G和AI技术赋能农业之后，至少"煮粮计"是不会得逞的。因为水稻种子被送到吴国后，首先会进行全面检测，不至于到了颗粒无收的时候，才发现种子被煮过。也许后面的历史也将改写,不是越国灭掉吴国,反而是吴国再次灭掉越国了。

我生长在湖南洞口雪峰山下的一个小村庄,小时候的记忆,除了读书,就是耕种。从6岁开始到18岁读大学,整整12年,家里虽然还算富裕,但必须要下地劳作。从放牛、砍柴、种豆到收割庄稼等,一整套解决方案全齐活,每件都是手艺活。笑傲江湖时,不忘来时路,挑着一担手艺走天下,晃晃悠悠也很美!

所以,我对水稻的整个种植过程非常熟悉。水稻从种子变成我们餐桌上的米饭,大致会经过以下流程:秧田准备、浸种催芽、播种育秧、秧苗移栽,然后进入大田管理,包括施肥、除草等,等到出穗成熟,再收割打谷脱粒,储存运输,包装售卖,最后被煮成米饭端上我们的餐桌。

稻谷收割的时代变迁

上等的稻种,才能长出上等的稻米

那么种子从哪里来?通常是从前一年收割的谷子中,挑选一些比较好的谷粒作为来年春天的种子。种子怎么培育?首先得把种子放在冷水里浸泡几天,接着再用30~40℃的温水浸泡催芽。装种子的器皿必须封闭，辅以多种保温材料，以确保里头的温度持续上升，这样才能达到催芽的目的。直到每一颗种子都发芽，才将它们种到提前准备好的秧田上，做进一步的秧苗培育。

如果了解这个过程，你会发现，吴越争霸的"煮粮计"完全不靠谱，因为种子必须有催芽的过程，如果种子没发芽，人们怎么会放到田地里去种植？

但催芽的过程目前也存在两大问题：第一，选种工作完全凭借乡亲们的固有经验；第二，催芽过程的监控，也完全凭借个人经验，无法做到精细化管理。这也造成了在同一个村庄里，每一户农家种出来的稻田，产量都不一样。

对于农业生产，种子的重要性不言而喻。小时候，常听爷爷讲，小孩是三岁看小、七岁看老。小孩在妈妈肚子里的时候，就已经基本决定了他的基础体质状况；而个人性格特点、品性及未来发展，在他三岁到七岁的这个阶段，也基本可以看得出来。同样地，对于农业生产来说，育出壮苗是高产的关键，做好种子处理是关键中的关键！尤其是种子催芽，更加重要。

如果引入 5G 和 AI 相关技术，农业的精细化管理将会得到极大提升。首先，在选种阶段，智能识别技术可以有效规避个人经验不足的问题，智能筛选出颜色好、成熟度好、纯净度高、芽势和芽率高的优良稻种。然后，在育种催芽过程中，通过温度和湿度传感技术以及高效率数据传输，及时监控种子的温度和湿度状况，提高催芽效率。

让每一块土地都被精细化呵护和管理

催芽完成后,我们需要将其播种到秧田里,进一步育秧。这里又有一个非常关键的问题,秧苗能不能培育好,未来移栽至大田后,能不能长得健壮,土壤其实是非常重要的。

首先,关于这块土地到底适合种植什么样的农作物,玉米还是毛豆?水稻抑或棉花?红薯还是马铃薯?这个其实都需要根据精细化的数据来做判断。其次,土地里的营养状况和各元素构成是怎样的,是不是有毒,是不是肥沃,虫害概率有多大,这也需要判断。

但在实际的农业生产中,秧田的选择往往是乡亲们基于自家的既有土壤与培育经验来进行的。上述提到的两个问题,也很少进入农业管理的范畴。5G 和 AI 技术赋能以后,我们可以通过大量传感器,对土壤质量进行精准的检测,从而判断出这块土地到底适合种植怎样的作物,以及它需要补充哪些肥料,才能最大限度地支持高产。

好几年前,我曾经在湖南的一个乡村考察,看到当地为了增值创收,大片大片的稻田被种植大户承包,统一种上了烟草。烟草不仅从土壤中汲取大量营养物质,在生长过程中还需要不断施以磷肥,造成土壤板结,没过两年土壤就不适合再种烟草了。于是,这些田地又改种其他农作物,包括蔬菜和水稻,但谁也不知道这样的土壤质量到底怎样,还适不适合再种植蔬菜和水稻呢?

当引以为傲的"鱼米之乡"被蒙上一层阴影,信息化农业生产和科学种植,成为农业管理部门的当务之急。

正在消失的"双抢"

在南方乡下长大的孩子心里,关于"双抢"的记忆总是十分深刻的。南方水稻一般种两季,七月早稻成熟,收割后,得立即耕田插秧,务必在立秋左右将晚稻秧苗插下。秧苗插下后得六十多天才能成熟,八月插下,十月收割,时间紧迫,因此要适时抢收抢种。当然,这几年种植技术提高,粮食产量提高了,在农村全身心务农的乡亲也越来越少。一年两季渐渐变成一年一季,"双抢"这个带有浓郁乡土味的词语,在我们这些常年生活在城市的人的记忆中已经淡到快被遗忘。

在机械化耕作没有普及的年代,我记忆中的"双抢",靠的都是人工操作,拼的是全家劳力。所以必须一家老小齐上阵,必要时还得请亲戚朋友前来帮忙。高温肆虐的七月,太阳明晃晃地刺眼,热腾腾的空气附着在身上,有种油焖大闸蟹的感觉。

几个人在稻田里一字排开,手持镰刀,弯下腰身,顺着水稻伏倒的方向,将它们一一割断。再一把把地捋好,码放成堆。随着脚步前移,一片偌大的稻田,仿佛春蚕啃叶般慢慢空了出来。弯腰,起身,是割稻的基本动作,必须不断重复,一块稻田割下来,腰酸背疼,饥肠辘辘。一拨人割稻,一拨人在后面用脚踩式打谷机,将谷粒从稻穗上脱落下来,再将谷粒装进麻袋扛回家,晚上还得把谷粒里头混杂的穗梗清理干净,晾晒几天后存进谷仓。

小时候的"双抢"记忆

伴随着机械化的到来，如今的秋收又呈现出另一种忙碌的景象：一亩亩成熟早稻被一排排整齐地"吃"进轰鸣的联合收割机。几乎同时，稻谷和穗梗在联合收割机的"肚子"里分离，穗梗被粉碎后撒入田间，金灿灿的稻谷则被留在了联合收割机里，等到"肚子"饱了，就开到停在路旁的货车厢，将刚收割的稻谷"吐"入货厢。几亩地，往往只需要一个司机，一两个劳力，一两个小时就能全部搞定。

未来的智慧农业，在 5G 和 AI 技术的加持下，会存在两种机械化收割方式：一种通过 5G 网络和远程控制技术，来操控收割机进行相关操作；一种通过北斗定位系统与 5G 网络，灵敏启动无人驾驶收割机的自动收割程序。一方面可以极大地提升生产效率，另一方面还可以解放乡亲们，让他们以更轻松的方式参与劳动生产。

记忆中，因为秋收中暑的事情时有发生，小时候，我们村甚至还曾发生过一次事故。烈日炎炎下，一个十几岁的男孩，刚收割完稻田，大汗淋漓。他实在是太热了，就一头扎进村里的一个大池塘里凉快凉快，结果在池塘里小腿抽筋溺亡。他六七岁的弟弟当时就在岸边看着干着急，使劲叫唤也没能把哥哥唤回来。

机械化普及后，这样的事情已经很少见了，未来引入更智能、更人性化的智慧农业生产方式以后，农耕会更轻松，乡亲们的日子也会更好过。

精准溯源，解决粮食安全问题

稻谷被收割回来后，如何储存，如何运输，如何保障流通环节的安全高效，也是一个社会普遍关注的问题。事实上，现在中国很多著名的大米产区，包括黑龙江的五常大米、江苏的建湖大米，都已经做到了精细化管理。那么未来的 5G 时代，粮食流通还将在安全溯源等方面普及革新，实现更高效的管理。

比如说，结合物联网、云计算、大数据、LBS 地理信息等技术，通过 RFID 等感知设备、通信网络和应用平台，利用智慧农业、防伪标签和二维码等设备技术，将粮食的育苗、种植、加工、包装、销售等全过程信息录入、传递和汇总到粮食质量安全追溯平台。通过该平台特定的逻辑加密算法，生成产品的唯一质量安全追溯标签，并将标签加贴在产品包装上,实现一个包装标签对应一个批次的产品,成为保证粮食产品质量安全的"二代身份证"。

5G 时代的农业信息化大数据服务平台

不仅是粮食,整个食品行业,尤其是对储存条件要求更高的生鲜食品,都将在 5G 时代实现全方位的溯源管理,包括生产全程可记录,来源可追溯,去向可追踪,责任可追究。让消费者通过 5G 网络快速查询追溯标签上的追溯码,或通过移动终端扫描追溯标签上的二维码,清楚地了解产品的产地、加工企业、物流渠道、终端销售企业等情况。

诚然,目前的农业机械化程度,已经能节省很多人力,比如多功能机器快速收割、脱谷、烘干,比如传感器可以代替人工监测湿度、温度等,但这样的智慧农业,更多只是大型企业在集约化生产模式下才能享受得到。在 5G 技术的带动下,物联网和 AI 应用会以更快的速度、更低的成本，走进千千万万的小农户，AI 也会从更深更广的角度参与到农业生产的方方面面。

相信 5G 将为乡亲们和农业企业提供智慧农业所需要的基础设施，对农业活动进行跟踪、监测、自动分析，从而实现精细化耕作，让每一块土地都被精细化呵护和管理，助力水稻增产增收。

医疗：5G 时代，远程医疗将有效解决目前医疗资源不足的问题

我常从我们家孩子口中听到"安全第一，生产第二"这句话。一问才知道，这是幼儿园王老师教的，他们这一代人从小就被要求敬畏生命。每每听到他以稚嫩的声音说出"每个人的生命只有一次，非常宝贵"之类的话，总不禁诧异，他们真的懂生命宝贵的含义吗？直到有一天，孩子一本正经地教训起我说："爸爸，你若再不听话，每天忙工作，很晚很晚才睡觉，那不用等我长大，你就提前老啦。"

显然，是我低估了孩子对生命的认识，这也让我想起网上那个曾经很火的段子，说现在的都市人，一边熬着最久的夜，一边敷着最贵的面膜；一边收藏养生指南，一边拼命加班到深夜；一边天天酒局夜夜醉，一边往杯子里放枸杞。嘴上说着养生，身体却在"轻生"。

在全民关注大健康的背景下，相较于生活便利的都市人，远在偏远山区的乡亲们其实更需要远程医疗的帮助。凭借 5G 的高速传输，身处

大城市的医生可以为远在山区的患者实施一台精准的手术。再加上 AI 对图像识别的助力，不少疾病已能够得到更有效的筛查。从求医问诊到手术治疗，5G 技术都有机会大展拳脚。以 5G 为代表的新一代信息技术，将深刻改变我们的医疗模式。

为什么优质的医疗资源依然匮乏？

首先，从宏观方面看，优质的医疗资源匮乏，跟经济发展有密切关系。

1840～1949 年这 100 余年间，我们国家战乱频繁，积贫积弱，温饱问题都没有解决，更谈不上医疗保健。从 1949 年新中国成立到 1978 年改革开放，这 30 年间国家的大部分精力也都用在了工业生产与建设上，医疗机制的建设并不完善，专业医疗技术培育机制也不够健全。

1978 年改革开放以后，我国的经济飞速发展，也取得了很多重大的成就，刚刚过去的 70 周年国庆大阅兵，让我们每个中国人都无比自豪，切身感受到国家的强大和进步。但优质医疗资源匮乏的问题却依然存在。

为什么这么说？改革开放这 40 年间，毫无疑问，我们在医疗领域取得了突飞猛进的发展，但要知道，中国有 14 亿人口，而且老龄化趋势越来越明显，在物质极大丰富的环境下，国民对大健康的关注热度也持续高涨，医疗保健需求呈几何级数增长，供需矛盾会越来越突出。

其次，优质的医疗资源匮乏，和人才的培养时间周期有关系。

专业过硬、技术领先、持续创新的医疗团队，需要经过一代又一代长时间的培养。尤其是优秀的医疗人才，更是需要时间的培育和丰富实践经验的积累。

比如，一个学生18岁高中毕业进入大学学习，医学人才7年本硕连读，25岁念完硕士进入工作岗位。如果想成为一名经验丰富的外科医生，大概要经过10年的培育期，通过这10年的工作岗位历练，以及无数台手术实践和自我钻研，在35岁左右，会迎来职业发展的成熟期。

也就是说，35～45岁的这10年，是一名医生发挥社会价值的黄金期。这10年里，他们会成为医院的中坚力量。他们在扛起救死扶伤这面大旗的同时，却因为优质医疗资源的匮乏，不得不日夜加班拼命工作，提前透支自己的身体机能。所以，他们中的一些人，可能在45岁以后就不得不退居二线。所以，表面上看，我们的医生数量好像并不少，但一名优秀的医生，在目前这种更多依赖医生个人素养和身体素质的医疗机制下，他的职业黄金期是有限的，这就跟之前提到的与日俱增的全民医疗保险需求构成比较大的供需矛盾。

最后，部分地区优质的医疗资源匮乏，和区域发展不均衡有关系。

由经济发展衍生出的区域发展不均衡，造成城乡医疗差距和资源分布不均，一方面大量优质的医疗资源集中分布在一线城市和区域中心城市，非中心城市特别是偏远山区医疗资源长期匮乏；另一方面优质医疗资源互联互通不够，甚至是一线、二线、三线、四线城市之间呈坡级分布，形成了越来越多的"数据烟囱"：也就是大城市与小城市、城市与农村、乡镇与村落之间不能进行医疗资源共享，不能进行数据共享，形成了医疗数据的信息孤岛。

现在，越来越多的地区开始积极探索"健康扶贫"的新模式，包括建立联村示范卫生室，大病集中救治，加强城乡医院对口帮扶，全科医生特岗计划等，为的是缓解医疗资源不平衡的矛盾，解决老百姓看病难、看病贵等现实性问题。改变的行动正在进行中，但这些还不够。

全国首例基于 5G 的远程人体手术

该怎样解决？

依托 5G、AI 等技术的远程医疗，或许可以有效缓解这些矛盾。打个比方，例如全国专注于某一类心脏病的顶级医生大概有 100 个，绝大部分都分布在北上广深等核心一线城市，如果甘肃省某个四线城市有个人得了这类疾病亟须就医，他只能辗转来到北京的某个医院，而且还要提前预约，这其实是一种空间和时间的极大浪费，甚至很多时候，患者生命危急，可能就撑不到那一刻。如果远程医疗普及了，AI 手术技术发达了，他就不需要到北京，在自己的县城，甚至是本地医院就能直接就诊。

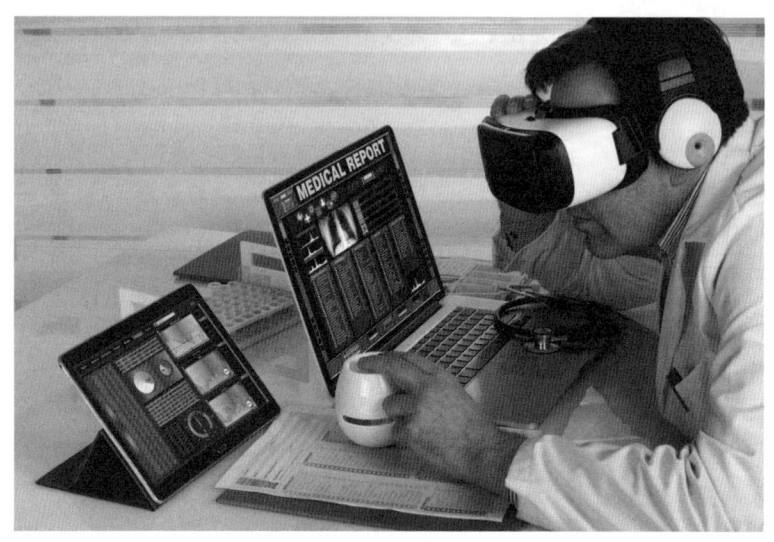

VR 远程诊断

2019 年 3 月，中国人民解放军总医院成功完成了全国首例基于 5G 的远程人体手术 —— 帕金森病"脑起搏器"植入手术，医生在海南为远在北京的患者实施了手术。这台通过 5G 网络，跨越近 3000 公里实施的手术，以超高速率、超低时延、海量连接，开启了 5G 远程手术的新篇章。

几乎与此同时，国家发改委 5G 应用示范项目 —— 郑州大学第一附属医院 5G 实验网 30 个 5G 基站全部开通，标志着国内首个 5G 医疗实验网的建设已完成。该实验网将用于郑州大学第一附属医院进行移动远程医疗相关技术验证及应用，包括 5G 应急救援、5G 远程机器人超声、5G 远程机器人查房等。

5G 网络大带宽、广连接、低时延的特性，可有效保障远程手术的稳定性、可靠性和安全性，使专家可随时随地掌控手术进程和病人情况。随着 5G 的成熟，远程手术、远程医疗的应用前景越来越明朗。毋庸置疑，5G+ 医疗将深化通信与医疗领域融合应用，促进医疗服务理念和模式的革新，并开创 5G 医疗行业新时代。

5G 网络的高带宽可以支持 4K/8K 远程高清咨询以及医学图像数据的高速传输和共享，使专家可以随时随地进行咨询，使远程咨询不再仅仅是一种奢望。专家可以指导远在数百公里之外的基层医院实施手术，手术过程中，专家通过观看手术直播，与基层医院主刀医生进行实时互动，并详细、精确地指导手术的关键点、疑难点。

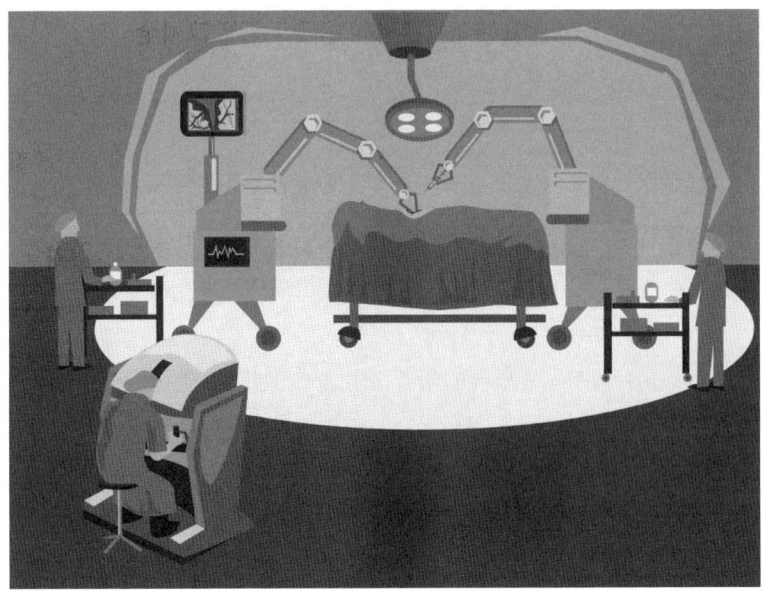

手术机器人

手术直播画面清晰、声音流畅，现场两端的医疗专家犹如面对面沟通。远程手术直播充分体现 5G 网络传输速率快、时延低、连接能力强的优势，在保证医疗数据安全的前提下，对于快速提升医疗效率，推进医联体建设和"互联网 + 医疗健康"的发展有着标志性意义。

相对于前几代网络通信业务单一、需求清晰、聚焦通信技术本身的特性，5G 网络将与医疗行业深度结合，探索与远程医疗共赢的全新商业模式，实现跨行业融合。5G 网络将带来更快的速率，实际下载速度可达 1.25G/s；未来将建成大量小基站，偏远地区也可覆盖网络。

网络切片，为远程医疗提供定制化的网络服务

实现远程医疗，超高速网络传输是基础，而基于 5G 网络切片技术的远程手术，将充分发挥 5G 高速率、低时延以及端到端网络切片保障业务质量的能力，对于在急救"黄金时间"挽救更多病患生命，解决跨地域医疗资源不均衡问题具有重要意义。

网络切片是 5G 最重要的创新技术之一，是运营商服务于垂直行业的重要能力。它通过定制化的网络服务、可保障的网络资源，实现端到端的"专用"网络服务。

比如，基层医院缺乏优秀的超声医生，我们迫切需要建立一个没有时延的、能够实现高清晰度的远程超声系统。远程超声系统由远程专家通过控制机器人臂，对基层医院中的患者执行超声检查。5G 可以实现

远程超声波，5G 具有毫秒级的时延特性，与传统专线和 Wi-Fi 相比，5G 网络可以解决基层医院和岛屿等偏远地区大规模建设的问题，而且可以解决 Wi-Fi 数据传输不安全、远程控制高延迟的问题。

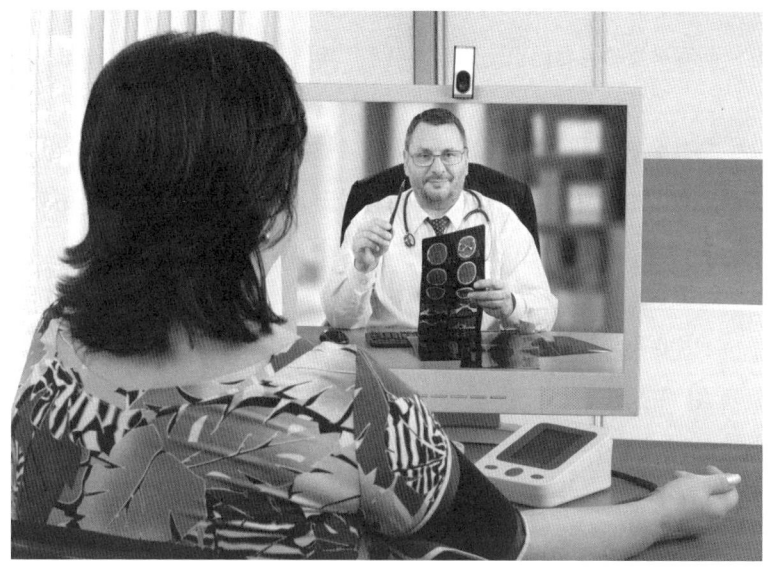

互联网在线诊疗

又比如，5G 可以为救护车提供广域连续覆盖，实现患者上车即入院的愿望，并通过 5G 网络高清视频回传现场情况。同时，患者体征和疾病等情况可以实时返回到后台指挥中心。总体而言，5G 网络可实时传输医疗设备监控信息、车辆实时定位信息、车内外视频图像，方便医院医生实施远程会诊和远程指导。

医用机器人，中国将诞生下一个"达芬奇"

在医疗行业从业者的眼里，"达芬奇"是一个"业界神话"。达芬奇手术机器人是美国研发的外科微创手术机器人，它早在1999年就被推出，而同类竞争者要比它晚几年甚至十几年。

为什么说达芬奇手术机器人是手术机器人界的神话呢？从上市到今天，它垄断市场20年，行业第一的地位一直未被撼动，至今仍保持着高达70%的毛利率、30%的净利率，总市值接近600亿美元。

2006年，北京的301医院引进并开始使用我国第一台达芬奇手术机器人，开启了"达芬奇"在华10多年的征程。很长一段时间内，国内市场都被它高价垄断着，它的价格在国外约1000万元一台，而在国内则能卖到2000万元左右。直到最近几年，国内技术逐渐成熟，出现了越来越多的国产手术机器人加入市场竞争，才让竞争局面稍微有所改变。

外科手术中，天智航的"天玑"第三代机器人能辅助医生开展四肢、骨盆骨折以及脊柱全节段手术，让患者的软组织损伤更小、出血量更少、恢复更快，并减轻医生疲劳；在医院门诊部，科大讯飞的"晓医"在全国近100家医院"上岗"，为患者提供预约挂号、问询服务、智能导诊、路径指引、报告查询等多种功能，为医院分摊导诊工作；院内物流场景下，钛米研发出国内首款可驶入手术室的物流机器人，在帮助医生运送物资的同时，也实现院内物流的精细化管理；在配药室，也有机器人自动完成药液体配置，让医护人员免于与药剂发生接触，避免药液污染和人员受伤。

医疗机器人，这个原本只存在于科幻小说、科幻电影中的神奇物种，正在慢慢渗透进我们的生活，并逐渐成为新的创业和投资热点。

可以肯定的是，短期内，医院物流机器人将率先启动大范围应用，因为医院的日常配送任务繁重，当医务人员在交付系统中完成订单时，机器人可以快速准确地将物品运送到指定地点，从而缓解护理人员不足的问题。

与此同时，在5G时代，手术机器人或机器手臂将快速普及开来，这种机器人将具备人工触觉技术，使医生对病人的诊断和治疗更加安全和有效，并依靠触觉与视觉信息的实时人机交互，让医生远程操作时具有身临其境之感，让僻远山区的群众无须长途跋涉即可享受到优质医疗资源。未来，随着远程手术的发展与成熟，医生与患者之间由于物理距离产生的隔阂将被彻底消除。

此外，5G网络还可以实现远程监控、智能导诊、移动医护、智能院区管理、AI辅助医疗等场景，有效提高医疗水平。

医疗：5G 时代，每个人都可以拥有一个 AI 健康助手

每次给人治病，外公从不主动索要报酬，给的他收着，不给的，下次他还是照样给医治。问他为什么，他说："中医取自天道，道法自然。我只是做了一点小事，治病救人之功谈不上，实际上只是自然之力假手于我而已。"这句话我一直记到现在。然而，外公那么好的医术，到现在竟没有很好地传承下来，我们这一代甚至连他的皮毛都没学到，每次想起都觉得非常可惜，中医的传承面临严重的问题。

相较于当前健康产品单一、功能简单、信息孤岛等问题，随着 5G 时代的到来，各类应用之间的信息互联，家庭、公司、药店、医院等各类场景之间的无缝衔接，未来 AI 健康助手将从日常身体机能监测、健康指导、智能体检、导诊就医、病理分析，到诊断治疗、打针吃药、手术执行、术后康复等一系列医疗环节，为人们提供全方位的解决方案。

5G 是供 AI、物联网、大数据、云计算等一系列技术自如穿梭其

上的"路基"。相比 4G，5G 远超 100 倍的用户体验速率、不到 1 毫秒的传输时延、10 倍连接密度等性能让业界专家对其赋能医疗充满期待。基于 5G 通信，未来我们每个人都将拥有一个 AI 健康助手。

医疗数据共享迫在眉睫

相信很多人都经历过这种糟糕的就医体验，比如我们先后去不同的医院看同一个病，从挂号分诊，到诊断检查，再到结果输出，都要重新来一遍，在 A 医院做的血检报告、B 超单、CT 片，到了 B 医院都要统统归零，重新检查，费钱费时间。

可见，医疗领域几乎没有"大数据"，有的都是"小数据"。无论公立医院，还是私立机构，大家各自为营，鲜有资源共享和数据交叉，医疗数据的"可用性"不高。而 AI 在医疗领域的创新应用，必须基于庞大的医疗数据。显然，现在，可"喂"给 AI 供其练习的记录完备、诊断准确的高质量医疗数据还很缺乏。即使某个病种有了足够数据练出了一些 AI 产品，也没有标准统一的测试库让 AI 给出客观"评分"。

高质数据和统一标准的缺乏限制了 AI 场景落地，也限制了"AI+ 医疗"的"规模变现"。一项调查侧面印证了这一"骨感"现实。2018 年 10 月，中华医学会放射学分会和中国医学影像 AI 产学研用创新联盟在全国 31 个地区、2135 家医院对 5142 位医生展开了一次调研，74% 的医生表示没有使用过 AI 相关产品。

5G 解决了高速通信的问题后，或许这个问题能得到有效解决。为什么？

10 年前，我们住酒店、坐火车、办手机卡都是不用身份认证的，短短几年时间，身份认证已经进入我们生活的方方面面，之所以这么快速推进，是因为强有力的国家力量。比如我们的身份证信息和人脸数据库，同步都存储在公安部第三研究所。酒店入住、车站坐车，全都要求采用人证合一的登记与校验机制。如此一来，不仅整个国家的治安状况非常好，大数据也在各个场景之间实时联动，社会效率得到极大提升，这一点相信我们每个人都深有体会。

既然人证比对核验数据可以实现全国多场景实时互联互通，为什么医疗数据不可以呢？我国的医疗环境虽说有其复杂的一面，但交通、旅游、住宿、通信、物流等行业也同样并不简单，由国家相关部门主导，建立一个覆盖全国 14 亿人的医疗大数据中心，显然是可行的。

一旦解决了数据流通共享的问题，未来，我们每次去医院，早前在其他任意一家公立医院或私立机构做过的检查、化验结果、诊断过程与结论，都可以随时调取。如果非必要，就不需要患者再抽一次血，再照一次 CT。

一方面，医疗数据共享既让患者方便，也减轻了医院负担；另一方面，医疗数据共享对于新药研制，以及相关医疗解决方案也大有助益。目前，我们新药研制最缺乏的就是医学样本，也就是大量病例数据。每一个医院都拥有优质的医生，也可能在某一个领域具有领先的资源或经验优势，但如果这个优势不以大数据的形式共享出来，那就是一个个数据烟囱,现在我们就是有太多这样的信息孤岛,掣肘着更大范围的医疗创新。

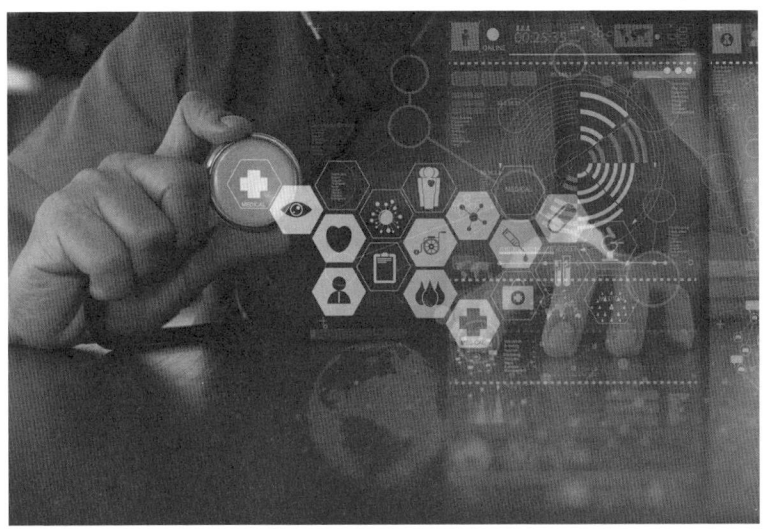

医疗大数据

美国医学与生物工程院院士张学记长期致力于精准医疗和健康研究,他就多次公开表示,个性化诊断或者精准诊断,是以个人基因组为依据,从分子水平、细胞水平来检测我们整个遗传疾病,有了这些数据之后才有个体化的精准医疗。5G时代,通过将大数据和传感器结合起来,做一个可穿戴的传感器,可以包括传感、分析治疗、通信等功能,形成真正的"智能传感",用生物大数据、健康大数据进行健康管理。

此外,需要引起我们重视的是信息安全:医疗数据库一旦被不法分子盗用,将是一件非常危险的事情。尤其是未来万物互联以后,通过视频监控、传感设备,每个人的健康隐私可能被监测,所以医疗数据的安全性极其重要,这也是为什么一定要让国家来统一建立数据中心的原因。

中医瑰宝,"扁鹊"不再

如果说西医基于生理科学,更容易构建医疗大数据,那么主要基于经验诊断的中医,会不会存在智慧化建设的难题呢?其实不然。

我们小时候都学过《扁鹊见蔡桓公》的故事,这是战国时期思想家韩非子创作的一篇散文,讲述了蔡桓公讳疾忌医,一而再,再而三地拒绝接受中医大师扁鹊的提醒建议,最后病入骨髓、体痛致死的故事。当然,扁鹊为了避免被追责,也不得不逃走去了秦国。

一方面,我们惋惜于蔡桓公这么一个有政治头脑的人,竟然败在了讳疾忌医上;另一方面,我们也不得不惊叹于春秋战国时期的扁鹊就拥有如此高超的医术。没有精密的医疗设备,却做出了精准的诊断,他凭借的不是现在我们讲的医疗大数据系统,而是个人经验。这些经验来自他的前辈们的实践总结,以及他自己多年的潜心研究和无数个真实案例的实践心得。当然,本质上,这就是一种大数据,只是它不存储在计算机,而存储于人脑中而已。

中医讲望、闻、问、切。望,指观气色,对病人的神、色、形、态、舌象等进行有目的的观察;闻,指听声息,包括听声音和嗅气味两个方面;问,指询问症状,了解既往病史与家族病史、起病原因、发病经过及治疗过程,主要痛苦所在,自觉症状,饮食喜恶等情况;切,指摸脉象，用手触按病人身体，借此了解病情。通过这"四诊"，中医医生根据经验给出药方及治疗建议。

习近平总书记说中医药学是中华文明的瑰宝。然而现实情况是，愿意从事这一行业的年轻人越来越少，越来越多的老中医面临无人接班、经验失传的尴尬。同时，中医药高层次人才培养完全追不上大健康产业的发展步伐。

对此，我深有体会，因为我外公就是一个乡村"老中医"，90岁了对各种中草药还如数家珍，但一生的宝贵经验终究没能传授给后代。说来也奇怪，外公连个"赤脚医生"都不算，也没学过正儿八经的医学知识，普通的病他不看，但很多疑难杂症他却总能应付自如。记得小时候有个亲戚家的小孩，全身浮肿，到处看医生，各种治疗都不管用，最后"死马当活马医"，把孩子带到了外公面前，结果外公一个人爬上屋后的雪峰山采了一些草药，又是外敷又是内服，没出2周，孩子就好了，这个人至今依然身体康健，壮硕得很。

说到雪峰山，勾起我无数美好记忆。雪峰山位于湖南省中西部，是湖南省内最大的山，古称梅山。其地千里，隽永无比，南接邵阳、北抵常德、西达沅陵、东到宁乡，我们村所在的洞口雪峰山则是其中的主峰地带。特别是秋天的雪峰山，就像是上帝打翻的调色板洒落人间时无意中描绘的壮美画卷，让黄永玉痴迷，令凡·高疯狂。在画中徜徉，每一步都可能醉在绝美的风景里。雪峰山是我们从小成长的天堂，也是外公治病救人天然的药材供应地。

湖南雪峰山

在一些中医医术面临失传的背景下，越来越多的机构开始聚焦于中医药现代化，充分挖掘中医药在"治未病"方面的优势，实现大健康大数据全产业链联动发展。5G时代到来后，随着大数据系统的日益完善，科技创新能力的持续增强，现代化的中医药智慧化建设，将为国人拥有一个更加健康的身体做出更大的贡献。

5G+AI助力，"扁鹊"犹在

2014年，马云在一次演讲中说："今后阿里想干的就是健康、快乐两个产业。如何让人更加健康，如何让人更加快乐？不是建更多的医院找更多的医生,更不是建更多的药厂,而是如果我们现在的投资都做对,30年以后应该是医生找不到工作,医院越来越少,药厂也少了很多。"

2016年,围棋AI程序AlphaGo以4∶1大比分战胜韩国顶尖棋手李世石,震惊全球,AI正式进入所有人的视野。

对AI的未来看好的人会说"YES",因为用不了几年AI真的会取代那些普通的医生,会取代低水平的医生;不看好的会说"NO",因为机器没有感情,没有交流,没有互动,需要人的照顾,等等。

我们不讨论AI是否会取代医生,我们只看看AI在医疗应用方面的最新消息:

沃森机器人进入数十家医院,可支持8种癌症治疗;科大讯飞研发了AI医学影像辅助诊断系统;"智医助理"机器人参加临床执业医师综合笔试;腾讯觅影在食管癌早期筛选方面应用落地;谷歌和Verily公司开发了诊断乳腺癌的AI;FDA(美国食品药品监督管理局)首次批准了心脏核磁共振影像AI分析软件;AI在儿童自闭症早期诊断上完胜医生;AI机器人学完2186张肺癌图谱,完胜病理学家;香港中文大学AI识别系统问世,30秒发现九成肺癌乳腺癌;安徽医科大学第一附属医院和腾讯共同打造智慧医院……

针对目前的医疗问题,包括优质医疗资源不足、分布不均匀、数据烟囱等,这些创造性应用正在一步一步解决。当然我们也要清醒地认识到,目前我国还没有一款AI产品获得Ⅲ类医疗器械注册证,AI产品只初步应用在分诊、早筛等前端环节,中后端诊断治疗还需较长时间才能充分应用。相信 5G 通信基础搭建好之后，叠加在 5G 上的一系列 AI、大数据、边缘计算等医疗应用，都会水到渠成进入快速发展通道。

更重要的是，未来的数字孪生技术，可以将类似中医师、外科手术医生这种更依赖个人经验的优质医疗资源，利用信息化技术转化为大数据进行备份和复制，成为另一个手术机器人，成为另一个望闻问切自助诊断机等，这样就可以有效解决医疗资源不足和分配不均的问题。

当然，再美好的畅想，都离不开真正有效的好产品。智能辅助诊断、医疗健康可穿戴设备、医用机器人等医疗器械产品，以及国家级医疗大数据中心，都还存在有效性、安全性等问题，需加强部门协作、产学研用融合。

在我们期待每个人都拥有一个 AI 健康助手，期待人均寿命超过 100 岁的时候，我想分享一段孙正义的话："向世界挑战，我们看见了新的风景，是不挑战就肯定见不到的风景。今后让我们继续征程，那些正在积极进行数字化革新的企业，让我们继续挑战信息革命，世界的工作方式也会发生大的变革。为什么要行动呢？只因这是为了给人们提供幸福而不得不进行的事。"

工业：工业互联网从"5G +"到"5G×"的核聚变

人们总说，天下武功，唯快不破。其实，也不尽然。武功再快，快不过子弹，技术不同；太阳的能量再强，强不过二向箔，维度不同；爱因斯坦再牛，也被玻尔轻易破功，视角不同。

我们可以期待的是，伴随着 5G 建设的持续演进，中国的制造业企业在全球化的竞争中，将不再仅仅依靠比价优势，而是依托不同的技术，以不同的视角，从不同的维度切入，趁着这一次由 5G 技术革新带来的弯道超车的机会，全面走向工业振兴之路。

5G 最有想象空间的地方就是产业互联网

我认为，5G 最大的特点就是万物互联，它未来最大也最有想象空间的地方就是产业互联网。它未来最多的应用场景，将用于物与物的通信，比如工业互联网、车联网、远程医疗等领域。相较于产业互联网，我们当前消费互联网领域所专注的人与人、人与物的连接还只能算是上了个前菜。

这里我们简单说明一下"互联网"的不同概念：我们普通用户平时所说的互联网，包括移动互联网，准确来说只能称之为"消费互联网"。在 4G 时代，这或许算得上是互联网的全部概念了。但实际上，5G 时代到来后，它会延伸出"工业互联网""政企互联网"等分支，因此，未来真正的"互联网"，不仅在 C 端，更包括连接范围更广的 B 端。

随着个人用户移动通信终端普及率的不断提升，人口红利的逐渐消失，消费互联网的发展已经越来越接近饱和状态。于是，越来越多的目光开始转移到工业互联网上，以期寻求下一个商业蓝海。而 5G 技术是工业生产与制造转型升级的重要助推器，借力 5G 的超高带宽、海量连接和超低时延，有望实现工业领域的万物互联，让人、机器、原材料、产品、服务、市场紧密连接，高效运转。

第三章
风口起势：5G产业篇

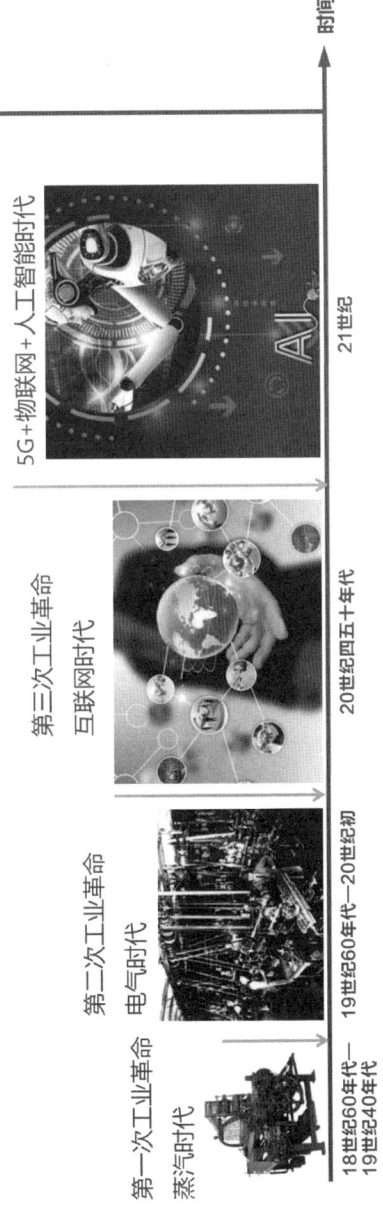

复杂度

自然语言处理、图像识别、语音识别、机器人、无人驾驶、VR/AR/MR

第四次工业革命
5G+物联网+人工智能时代

第三次工业革命
互联网时代

第二次工业革命
电气时代

第一次工业革命
蒸汽时代

18世纪60年代—19世纪40年代　19世纪60年代—20世纪初　20世纪四五十年代　21世纪　时间

5G万物互联将开启第四次工业革命

5G 到来后，我们的运动鞋是怎样生产的？

举个例子，4G 时代我们买双运动鞋，通过手机一键选购，快递到家，一双在流水线上批量生产、全世界人都在穿的鞋就到了你的脚下。你的整个体验，除了购物方便、款式合意、价格美好之外，没有其他特别惊喜的地方。那在未来的 5G 时代会是怎样的体验呢？

首先，不用等到你主动发现需求，你的个人 AI 助手通过既有使用数据就能提前预知并提醒你，你可能需要一双新运动鞋。同时，根据你过往的运动习惯和款式偏好，比如你双脚重心不一，可能要给你的左脚定制更耐磨的材质。又比如你的脚型是扁平足，可能鞋垫设计上就要考虑足弓减压的问题等，给你推荐几款你可能十分中意的运动鞋。

而这些运动鞋同样来自流水线工厂，不同的是，工厂升级了，它能主动挖掘用户需求进行个性化定制，定制需求确认提交以后，启动智能化生产。所以，每一个产品，都是独一无二的。别以为产品完成交付，这个流程就结束了，厂家在你的运动鞋内植入了传感芯片，你每天穿着它所形成的运动数据会实时传递到云端，围绕这双球鞋主人的相关服务，才刚刚开启。比如，及时给你运动提醒、健康建议，甚至是病理建议、搭配建议等。

我们以为自己只是购买了一双运动鞋，其实不是，我们聘请了一位全能型运动教练，虽不能跟你说话，但它无时无刻不在关注着你，为你提供最合理的专业建议。神奇吗？

这里面的"智能化生产",就是我们要说的"工业互联网",它将工厂与市场、产品、服务、运营进行了有机串联,实现全流程数字化。这,就是新的工业革命;这,就是我们未来的生活。

3个规划,3种策略,中美德各显神通

最近几年"工业互联网"被越来越频繁地提及,因为5G技术的演进让这样一个商业蓝图变得清晰可期。更重要的是,对于一个国家来说,工业拥有极其重要的战略地位,也通常是体量最大的产业之一。那么,工业互联网作为制造业大国博弈的重要战场,谁先占据优势,谁就会成为下一个50年全球经济的领导者和主导者。

目前,在这一领域表现最为活跃的三个国家,分别是德国、美国和中国,三个国家相继提出了自己的发展计划,对"工业互联网"的称呼也各不相同。

德国的工业4.0:

德国是欧洲老牌工业强国,一直都以发达的工业科技和完备的工业体系闻名于世。德国对工业发展的未来方向,当然有属于自己的整体战略规划。德国政府于2013年4月在汉诺威工业博览会上正式推出"工业4.0"计划,主要目的是提高德国工业的竞争力,巩固自己的领先优势,在新一轮工业革命中占领先机。

德国的工业4.0得到了德国工程院、弗劳恩霍夫协会、西门子公司

等德国学术界和产业界的全力支持。

美国的 AMP 计划：

美国是传统的工业大国，对于工业变革的嗅觉是很敏锐的。早于德国，美国总统科技顾问委员会（PCAST）在 2011 年、2012 年就先后提出《保障美国在先进制造业的领导地位》以及《获取先进制造业国内竞争优势》两份报告，里面提到了"先进制造伙伴（AMP，Advanced Manufacturing Partnership）计划"。

2012 年年底，美国通用电气（GE）公司首次提出了"工业互联网"的概念，即通过智能机器间的连接并最终将人机连接，结合软件和大数据分析，重构全球工业，激发生产力，让世界更美好、更快速、更安全、更清洁且更经济。

2014 年 10 月，美国总统科技顾问委员会发布报告《加速美国先进制造业》，该报告俗称"AMP2.0"，报告明确提出了加强先进制造布局的意义，那就是保障美国在未来的全球竞争力。

美国的 AMP 计划，也同样得到了通用电气、AT&T、思科、IBM 和英特尔这五家巨头的鼎力支持，五家巨头在美国宣布成立工业互联网联盟（IIC）。

中国的"中国制造 2025"：

中国是工业大国、亚洲制造业龙头、世界工厂，对于工业互联网同样提出了具有中国特色的发展路径。

2015年5月，国务院公布了《中国制造2025》：坚持"创新驱动、质量为先、绿色发展、结构优化、人才为本"的基本方针，坚持"市场主导、政府引导，立足当前、着眼长远，整体推进、重点突破，自主发展、开放合作"的基本原则。

该报告还明确了实现制造强国目标的"三步走"战略：第一步，到2025年迈入制造强国行列；第二步，到2035年中国制造业整体达到世界制造强国阵营中等水平；第三步，到新中国成立一百年时，综合实力进入世界制造强国前列。

整体上，德国凭借自身的精密制造优势，工业4.0计划更强调硬件制造；美国凭借自身的信息化技术优势，AMP计划更注重软件生态；而中国呢，虽然是工业大国，但并不能称之为工业强国，不过我们有无可比拟的市场优势，硬件制造与信息技术也表现不俗，所以我们的制造2025更具有中国特色。

2019年10月底，中华人民共和国工业和信息化部印发《加快培育共享制造新模式新业态、促进制造业高质量发展的指导意见》，其中指出，推动新型基础设施建设，加强5G、AI、工业互联网、物联网等新型基础设施建设，扩大高速率、大容量、低时延网络覆盖范围，鼓励制造企业通过内网改造升级实现人、机、物互联，为共享制造提供信息网络支撑。

类似这样的文件，从中央到地方在持续出台，可见中国发展工业互联网的决心。

从"5G+"到"5G×"的核聚变

通过以上各个国家对工业互联网的布局和定义,我们不难发现,工业互联网离不开三个要素:人、数据、机器。5G 创造了新一代信息技术与实体经济制造业第一次深度融合的历史机遇。

在工业互联网中,5G 扮演的角色类似于底层的通信信道。只有高速率、广连接、低时延的 5G 移动通信网络,才能支撑起设备、生产线、员工、工厂、仓库、供应商、产品和客户的海量紧密连接;也只有 5G 的技术架构,才能支撑起大数据、云平台、边缘计算、物联网、区块链、AI 等创新技术的深度应用,使工业生产数字化、网络化、自动化、智能化,从而实现效率提升和成本降低。

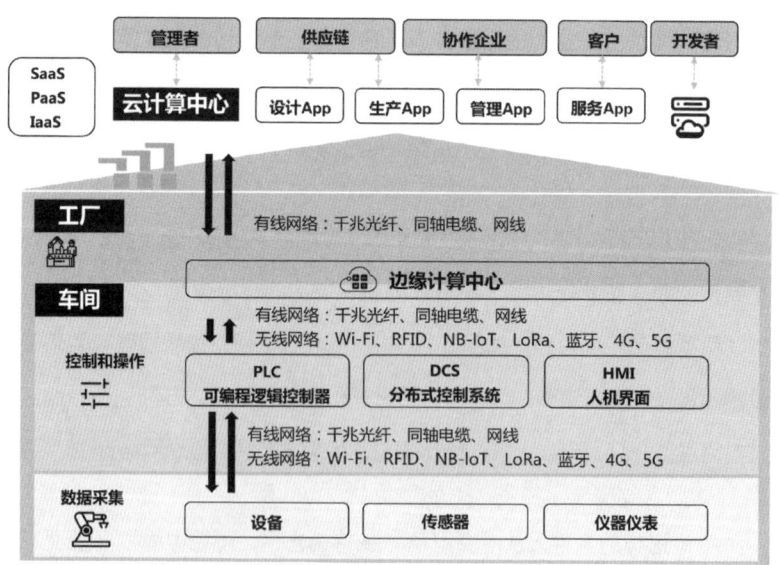

智能工厂网络架构

中兴通讯总裁徐子阳曾在中国电信 5G 创新大会上提出过关于 5G 的"加减乘除"观,引起很多共鸣。所谓"加法"即通过 AI 算法叠加增强关键特性,让 5G 智商更高;所谓"减法"即通过基建复用、由重变轻,构建 5G 极简网络;所谓"乘法"即借力多种技术实现生态融合,拓展 5G 增值空间;所谓"除法"即发挥网络切片技术优势,将一张网切割成 N 个碎片以满足差异化场景需求。

在这其中,通过"加法"提高智能化水平,通过"乘法"增加生态融合性,无疑为 5G 赋能工业互联网带来了巨大的想象空间。我们不妨来简单构想一下:

5G+ 物联网:上文提到,5G 带来的是海量物与物的连接,正是因为有了 5G 的高效和高速,才保证了物联网中各个设备高速稳定的即时通信。现在的场景下,工业设备的联网一般有两种方式:光纤和 Wi-Fi。前者无法移动且大范围部署难度高,后者成本低廉但安全性较弱,对比之下,5G 更有优越性。不用拿很复杂的高端装备制造举例,就说一双运动鞋的生产,从开料、截断,到帮面制作、攀鞋、扣底定型、脱楦,再到贴中底、质检、整理包装,每一个环节都要完成数字化操作、智能化衔接,这就需要成百上千个连接节点。这只是工厂环节,还不包括用户层面的实时监测环节。可想,没有 5G 根本实现不了。

5G+ 区块链:区块链技术的特点是分布式去中心化存储、信息不可篡改,使得安全性更高、可靠性更强。它在工业互联网率先发挥价值的应用场景是供应链管理领域。特别是智能装备制造工厂,涉及的生产流程复杂,金融支撑体系庞大。在 5G 网络下,加载区块链技术,可以解决设备注册管理、访问控制、监控状态、数据可信传输、生产质量追溯、资金流转等方面的安全和高效问题。以运动鞋的货运物流为例，区块链可以让各个物流节点之间的信息共享更通畅，实现分散经营主体的集约整合，从而提高物流效率。

5G+边缘计算：海量的物联网设备，会让节点通信需求激增。工业生产不像我们消费互联网看个视频，慢一点没关系，生产过程中，慢个半秒就有可能酿成巨大安全事故，导致巨额经济损失。因此，超低时延在工业互联网场景就变得格外重要。5G加上边缘计算，就可以就近处理海量数据，大量设备可以实现高效协同工作，诸多问题迎刃而解。打个比方，章鱼的大脑只控制它40%的神经元，另外60%都分布在8条腿上，这就相当于章鱼有8个小脑，所以在各个方位上反应敏捷。因此，智能工厂拥有统一的云端大脑，但网络边缘侧的大量数据，却可以交给各个"小脑"去负责，这就是边缘计算在工业互联网中的价值。

5G+云计算：云计算是推动工业互联网发展的一项关键技能力量，如果没有云计算，以及在云计算平台上所运行的大数据技能，工业互联网就不会存在。它主要解决什么呢？第一，信息孤岛问题，让各种信息化模块相互连接，包括设备与设备之间，流程与流程之间等；第二，行业资源的优化问题，提高上下游产业链资源配置效率、物流效率等；第三，商业创新问题，延展企业的商业边界，接入更多的产品与服务，在更具生态价值的共享平台上寻求更多元的商业创新机制。还是拿上面提到的运动鞋定制举例，消费端的数据，如何跟工厂打通，而且还要实现实时互联双向互通，云计算功不可没。

5G+大数据：消费互联网的大数据已经很大，而工业互联网产生的数据量将远超我们的想象。网上流行一个段子，说一台波音飞机，光发动机一个零件，30分钟就能产生10TB的数据。10TB什么概念？1TB=1000个G，一般一部高清电影也才20G左右。丝毫不夸张地说，工业大数据不仅量大，而且结构复杂，来源复杂，维度复杂。尽管它们都可存储在云端，尽管有5G的超大带宽来带动数据的流动，但要驱动如此海量复杂的大数据，没有高效的数据处理能力，5G高速路也会严重堵车。

5G+AI：正如前文提到，运动鞋工厂能自动感知用户需要一双新鞋，而且能根据现有的原材料和生产经验，给用户量身定制一款可快速生产成型的设计模型。用户下单后，还能自动安排工厂的那么多机器，自动完成原材料采购、原料调度、裁剪、装配。所有这一切，皆源于5G网络下的智能工厂拥有一个智慧的大脑，具备超强算力和深度学习能力。越往后发展，也许工业生产所需要的人类参与度会越来越低，因为AI比我们更能管理好工厂，出错概率比我们人类更低，效率更高。

工业自动化中的机械臂

5G+AI+芯片：芯片被称为"工业粮食"，是制造业的核心技术。中国工业互联网的兴起，给工业半导体产业的发展带来新机会。工业半导体的开发至少应围绕这两方面展开：首先，5G高速传输、大数据、保证实时性安全性的基础通信网络对工业互联网业务的展开十分关键，可是不同厂商标准各不相同，就需要开发支持多协议的通信芯片；其次，智能化发展的同时还需要高性能、低功耗、高安全性的芯片产品支持，具有低能耗、低成本、易使用和泛在感知等特性的无线传感器网络，也正在快速崛起。美国国家工程学院院士卢超群认为，现在的半导体行业，正在趋向智能制造方向发展，AI技术在其中扮演重要角色。他同时表示，AI在半导体行业的作用是不可替代的，从半导体行业的IC设计（集成电路设计）、晶圆制造与封测三大主要环节来看，AI在其中都发挥着出色的作用。

由于连接工业设备种类繁多、数据类型多样性、数据实时性要求高，5G将在工业互联网领域充分发挥其端到端毫秒级的超低时延、接近100%的高可靠性、超大带宽、海量数据等特点，让工业互联网形成一个围绕5G，囊括物联网、云计算、大数据、边缘计算、AI等新技术使能的融合生态，实现从"制造"向"智造"的升级。

工业互联网时代的商业巨头在哪？

PC时代，我们需要Windows；移动互联网时代，我们需要安卓和IOS。同样地，在工业互联网时代，一定也需要自己的操作系统。谁的操作系统好用，便会聚拢大量的商业应用和用户流量，谁就拥有市场话语权。

按消费互联网领域的商业巨头成长逻辑，在工业互联网这个全新的赛道内，具备操作系统级影响力的公司，要么是工业制造能力超强，能让各种制造型企业都能接入进来，比如德国西门子、美国通用电气，甚至中国的富士康等；要么是信息技术能力超强的互联网公司，比如美国的谷歌和英特尔，中国的腾讯、阿里等。

但可惜的是，工业互联网虽说已经提出多年，可由于移动通信网络等各方面的技术条件不够成熟，至今仍然没有任何一个公司或者平台，占据了绝对领先的地位。当然，这也是巨大的机会。

根据研究机构 Markets and Markets 的统计数据显示，2017 年，全球工业互联网平台市场规模为 25.7 亿美元，预计 2023 年将增长至 138.2 亿美元。美国、欧洲和亚太这三个地区，是当前工业互联网平台发展的焦点区域。

美国的代表，是通用、微软、亚马逊、PTC（美国参数技术公司）、罗克韦尔、思科、艾默生、霍尼韦尔等巨头企业。欧洲的代表，是西门子、ABB、博世、施耐德、SAP 等企业。中国就更多了，航天云网、海尔、树根互联、宝信、石化盈科、用友、索为、腾讯、阿里、中兴、华为、浪潮、紫光、东方国信等，都是起步比较早的平台开发企业。

矛盾的地方在于，工业互联网似乎需要一个超强的平台型公司，以一种全新的商业模式聚拢大量企业、资源、用户，进行统一的集约化管理。但随着个性化定制模式下沉到各行各业，工业生产似乎又在往小而巧的方向发展，这就要求工业互联网更具灵活性。

从目前颇为混乱的竞争局面来看，什么样的公司更有潜力承担工业互联网"操作系统"使命，似乎难有定论。大公司也好，小企业也罢，工业互联网的发展正在打破物理世界和虚拟世界的界限。我相信，全新的商业模式，会以我们闻所未闻、超出我们认知范式的姿态横空出世。

最后，我们来分享下中国工程院院士倪光南的观点，他指出：为保障工业互联网的安全，使其不受制于人，我们应该重视发展工业互联网的核心技术，包括 5G、互联网、物联网、智能制造和芯片的核心技术创新。他强调三点：自主可控是保障工业互联网安全的关键切入点，国产自主可控替代成为推进工业互联网安全的核心主阵地，自主可控评估标准体系是完善工业互联网安全的创新发力点。

家居：5G时代令人惊艳的智能家居生活

> 家是温暖的翅膀，扇动起风的力量，让我们自由翱翔于天际。家是停泊的港湾，清晨拉一条优美的弧线出发，在落日余晖中悠然归家。心有明月，何惧天涯！5G，拉近家的距离。——题记

比尔·盖茨的人间天堂——"世外桃源2.0"

讲到智能家居，不得不提到比尔·盖茨的那栋豪宅"世外桃源2.0"。这是比尔·盖茨花费7年时间和6300万美元，模仿《公民凯恩》中的报业大亨查尔斯·福斯特·凯恩（Charles Foster Kane）的豪宅在华盛顿建造的。豪宅占地6132平方米，里面安装有各种高科技设备，房屋周围和内部均配备了大量传感器，包括温度、运动、光线传感器等等，能够实时监测周围环境和人类活动。据报道，世外桃源2.0中还配备了超过8万美元的液晶显示屏，主人和客人均可通过它播放自己喜爱的艺术画作或是照片，其中存储这些数据的硬盘便价值15万美元。

这栋豪宅里究竟有哪些"黑科技",我们简单了解一下。

第一,它有自动温控系统,确保一年四季的任何时候,室内温度都是均衡的。第二,它有自动照明系统,它会做到人来灯亮,人走灯灭的节能效果。第三,它有自动音乐系统,人走到哪音乐就会跟踪到哪。第四,它有自动浇灌系统,美国人对草坪的管理是很下功夫的,但浇灌也是一个绕不开且费时费力的问题,比尔·盖茨就通过自动浇灌系统,省时省力的同时,又保障了草色青青、苍翠欲滴的户外环境。第五,它有自动安防系统,通过视频摄像头与电力管控系统,及时监控房屋环境,做出防范预警。第六,它有自动访客系统,每一个前来参观的人身上都会有一个别针,类似于一个电子标签,既是访客的身份代表,也能为他进入这栋豪宅提供定位引导与相关指导。

这些"黑科技"很炫酷,面世后震惊了全世界,据说刚建成那段时间,还有渠道公开拍卖"世外桃源2.0"参观券,售价3.5万美元(约合20万元人民币)/张。但由于它是1997年建成的,到现在已经20多年了,当年的那些黑科技,很大部分现在已经走进千家万户,成为平常百姓家见怪不怪的居家配备。

包括现在很多酒店里面,也会有类似比尔·盖茨家的智慧化体验,包括刷脸办理入住手续,进入房间后,电视机、空调、窗帘自动开启,还有自动温控系统和自动照明系统。

另外,比尔·盖茨家里还有一面墙,叫家庭照片墙,用来呈现他珍藏的各种照片,这个体验也非常棒。但20多年后的今天,我们知道,屏显技术已经经过了好几代的发展，很多的瓶颈技术都已突破，甚至可以用裸眼 3D 来看动画片或是照片，以及柔性屏的炫彩呈现。所以，比起当年比尔·盖茨花了 15 万美元做出来一个照片墙来说，现在的技术所能实现的体验效果，已然远远超过了当年。

什么是智能家居？

智能家居，是以住宅为平台，利用综合布线技术、网络通信技术、安全防范技术、自动控制技术、音视频技术将家居生活有关的设施集成，构建高效的住宅设施与家庭日常事务的管理系统，提升家居安全性、便利性、舒适性、艺术性，并实现环保节能的居住环境。

智能家居在中国萌芽于 20 世纪 90 年代，2000 年后缓慢发展，2010 年后开始融合演变。看到了增长的势头，这两年各大厂商已开始密集布局智能家居，尽管从产业来看，还没有特别成功、特别能代表整个行业的案例显现，这意味着这个行业仍处于探索阶段。但越来越多的厂商开始介入和参与，使得外界意识到，智能家居未来已不可逆转。

技术能带动行业跨越巨大的发展鸿沟，随着 5G 技术的迅猛发展，在其进入商业应用阶段后，拥有大带宽、广连接和低时延特征的 5G 技术，无疑为智能家居行业的发展与应用提供了更多可能。

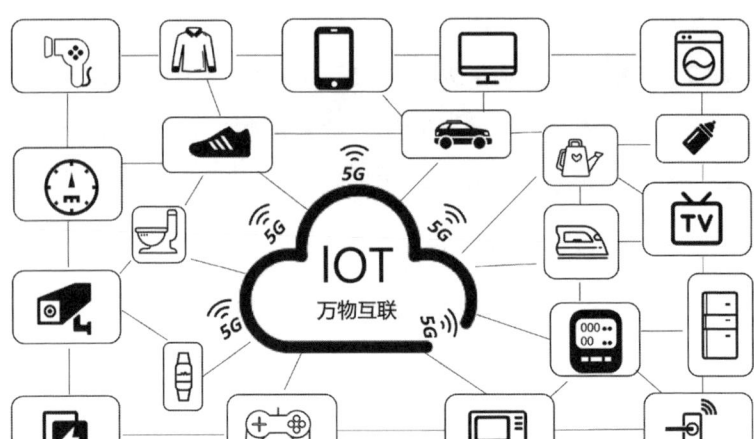

智能家居从有温度的连接开始

就国内而言,2016 年中国智能家居市场规模已经达到 2608.5 亿元,到 2020 年市场规模将达到 5819.3 亿元。对于各大品牌来说,能否把握这个巨大的时代机遇至关重要。

5G 会给我们的家居生活带来怎样的改变?

那么,当 5G 到来以后,我们的智能家居会呈现怎样的应用,又会怎么影响人们的日常生活呢?

首先,毫无疑问,我们所有的家电都会连接上网,不管是冰箱、洗衣机、电视机,还是热水器、烤箱、洗碗机,甚至很多家用电器还会有自己的"大脑"和中控系统。

比如冰箱，不仅是简单地存储物品，它还会变成膳食管家，及时告知主人，什么食品快过期了，什么食品快用完了。一旦冰箱发现主人钟爱的鲜鸡蛋存储量不够了，它会自动上网去京东下单，就不会出现主人做西红柿炒鸡蛋时发现鸡蛋不够的尴尬情况。另外，冰箱还会给全家制订膳食营养计划，关于全年到底要吃多少肉、吃哪些肉、怎么吃等一系列问题，都能做出整体计划，从而为我们的身体健康把关。如此一来，冰箱就完全变成了家庭的膳食管家！

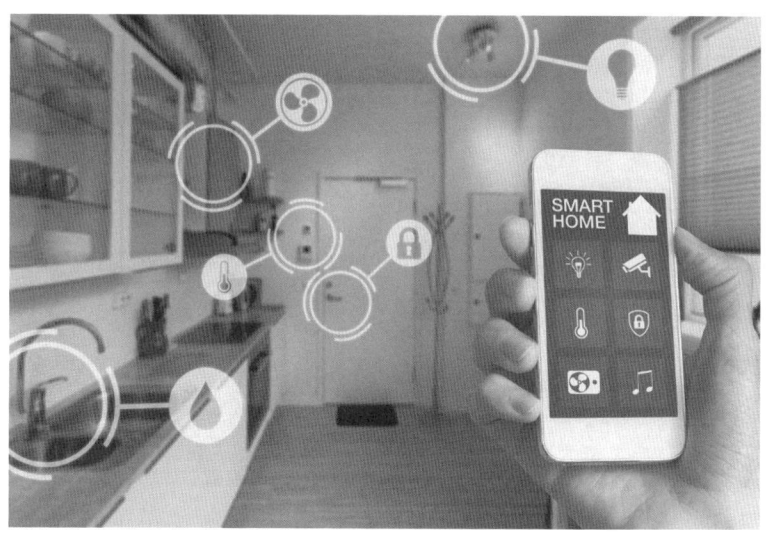

智能家居让生活更便利

5G 时代，家庭的锅碗瓢盆也都会全部连接上网，婴儿奶瓶会有各种各样的传感器，及时检测湿度、温度、营养。当我们泡好一杯奶后，它会通过传感器把这些营养物质生成报告直接放到云端，存储在小孩的账户里面，定期给我们输出营养报告，如果检测到异常问题，也会及时告知,想起来真是非常有趣!

最为有趣的,还得提到智能马桶,如果家里有一个怀孕的女主人,当她打开厕所门的时候,马桶立刻识别出来,这是女主人。马桶自动调到合适的模式,并实时生成女主人的尿检结果,传输给她的私人医生,以便及时监测胎儿的成长发育。如果女主人在家遇到了点特别状况,因为行动不便,离医院也较远,正好赶上家里没有其他人怎么办?基于5G技术的远程医疗诊断系统,也同样能很好地解决问题。

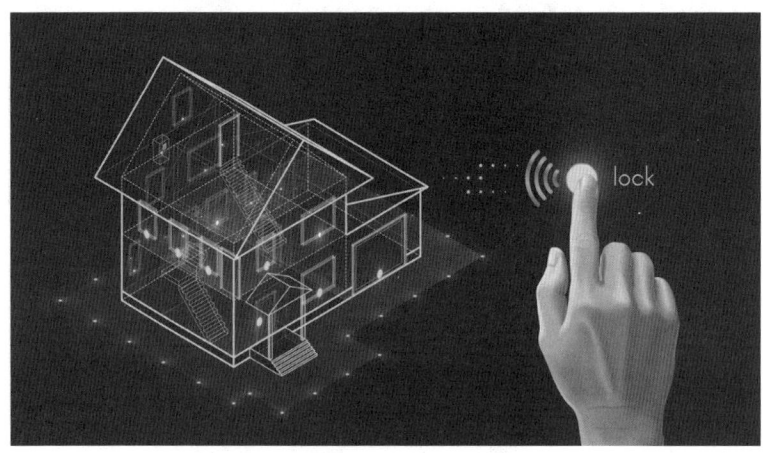

智能家居安全系统

远程医疗诊断系统包括两部分:一个是医生端,另外一个是患者端。患者端可以直接放在家里面,女主人躺在形似小床的设备上,盖上一个充满感应器的被子,就可以覆盖大部分身体检查项目。然后,在远程的医生端,医生的办公室也有一些布满传感器的设备,旁边会有一个橡胶人,后者相当于代替了远程的患者,医生拿着相关的检测辅助设备在橡胶人对应的部位实施检查。由于医生端和患者端是实时互联的,所以这里检测的实际就是远程的患者,再通过视频和图像的传输,这样的就诊体验,已经十分接近真实的线下就诊了。

这个事情听起来好像是天方夜谭,其实现在在个别地方已经实现了,比如海南的三沙。因为三沙市地理位置偏远,距离海南本岛远,医疗设施相对不足,看病成为当地一大难题。目前,三沙市的官兵就可以通过一个远程诊断系统做一些身体检查。在三沙当地就有这样的患者端,与远在千里之外的北京301医院连通,医生通过医生端来进行实时检测,为三沙市值勤的官兵们解决了不少体检的难题。

5G时代,家庭影院也是智能家居的重要场景。现在很多家庭已经有了家庭影院,设施体验也还不错,但一般都是2D,少数是3D,未来加入了VR和AR技术以后,家庭影院的体验就会完全超乎我们的想象。例如你可能现在正坐在客厅里观看一部北极探险的动画片,VR加持以后,你会感觉到自己身处冰天雪地的极地环境之中,北极熊正在不远处的冰块上追逐和打滚。又或者在看一个热带雨林题材的动画片,有AR的加持,可以让你身临其境,不仅看到茂密的雨林,湿热的空气也随之透进你的每一个毛孔,你的沙发旁边,正坐着一只硕大的蜥蜴,让你分不清到底是在现实中,还是在一个虚拟的环境中。

此外,还不得不提到一个视频会议系统。我们可能平常上班都需要去公司,但5G环境下,远程办公协作会变得极其普遍,低时延、高速度的远程视频会议技术可以很好地解决沟通难题。4G环境下的远程会议系统,思科已经做得比较成熟了,但还是会存在一些问题,例如表情的时延，视频清晰度打折扣等。基于 5G 的低时延、高速度，视频会议时屏幕上人物的微表情也能实时传递过来，就和我们现实中开会是完全一样的。

北斗：北斗厘米级定位结合 5G 万物互联，会有怎样的化学反应？

说起北斗，作为金庸先生武侠小说迷的我首先想到的是北斗七星阵，该阵法是小说《射雕英雄传》里全真教教主王重阳所开创的镇教武功。王重阳武功出神入化，华山论剑曾位列五绝之首。此阵法如行云流水，变化无穷，随着阵势起伏，十一人可联手往复，流转不息。阵法的编排结合道教一元、两仪、三才、四相、五行、六合、七星、八卦、九宫的流变规律，通过武当剑法的演绎来诠释中国的道文化。

从古至今，中国的古人就有星斗崇拜和占星之说，古人崇敬天象，喜欢根据天象变化来预测人事的凶吉。北斗七星在不同时间不同季节，出现在天空的不同方位，于是古人以北斗斗杓的指向来判定节气，北斗仿佛成了时间和空间的主宰、万物生长的中心，春生夏长秋收冬藏似乎都是随着北斗的指向降临人间。

小说中的北斗七星阵牛，天上的北斗七星也很牛，接下来我们要讲的北斗卫星更牛。

中国北斗卫星导航系统（BDS）是中国自行研制的全球卫星导航系统。北斗卫星导航系统由空间段、地面段和用户段三部分组成，可在全球范围内全天候、全天时为各类用户提供高精度、高可靠定位、导航、授时服务。

据权威报道，预计到2020年，北斗卫星导航系统将实现对全球的组网覆盖，同时它的定位精度将从米级一跃提升到厘米级。毫无疑问，这是一个非常大的技术突破，对市场和用户来说也是一大利好消息。

现在全球有四大卫星定位系统，分别是中国北斗卫星导航系统（BDS）、美国GPS、俄罗斯GLONASS和欧盟GALILEO。在这四大系统中，美国的GPS毫无疑问是全球使用最为广泛，也是应用最为成熟的。1994年，美国就成功发射了24颗卫星，实现了对全球的组网覆盖，最初主要用于军事领域，后来逐渐扩展到民用，到现在已经有25年时间，技术领先。

北斗创新突破，未来大有可为

卫星是一个非常重要的国家战略，中国是20世纪90年代末期开始发展自己的定位系统，被命名为"北斗卫星导航定位系统"。一开始也是为军方设计的，目的是减少对美国GPS系统的依赖。随着覆盖范围的扩大，北斗卫星导航系统逐渐带来巨大的商业机会。但自从中国宣布要发展自己的技术以后,欧美就对中国实施了全面的技术禁运,随之而来就是各种阻拦和挑战,但中国研究团队持续精进,不断取得技术突破,所以才有了现在的北斗卫星导航系统,以及未来一系列可期的创新。

中国北斗卫星将实现厘米级精准定位

这一次的创新主要体现在三个方面:

第一,中国发射的卫星主要是第三代卫星,所以相对比较成熟。

第二,在卫星导航领域,时间是否精准是一项极为关键的技术指标,而原子钟是一种计时装置,中国把原来的铯原子钟,改成了铷原子钟和氢原子钟,定位更为精准。有人就觉得奇怪了,按照国际惯例铯原子钟的定位是相对更为精准的,但由于欧美的技术封锁,中国在铯原子钟方面始终没有取得较大突破,反而是在铷原子钟和氢原子钟方面,技术已经全球领先。

第三,卫星都在几千米的高空之上,它的信号要经过大气的削弱,到达地面的时候,信号已经比较弱了。中国就采用了地基增强系统,在地面搭建大量设施,用来接收天上的信号,从而实现位置的精准定位。

虽然中国的技术发展是比较快的,但中国相对比较低调,到目前已经实现了对 2400 个地面接收站的搭建,2020 年将实现对全球的覆盖,同时,定位准确度方面也将实现厘米级的突破。

北斗的技术突破,再加上 5G 的大规模商用,将给中国的工业互联网和产业互联网带来极大的赋能。对此,我们可以通过几个应用来展望一下:

应用一:江苏铁路局利用北斗系统实现电子围栏

中国高铁的技术和覆盖区域,这些年突飞猛进,行驶里程数和安全性均是全球领先。但由于高铁的速度实在是太快了,一旦发生险情,损失将不可估量。为此,江苏铁路局就安排了很多工人沿着铁路线每天深夜进行巡检,包括哪一个细微的螺丝松了,哪条线路出现了老化,都要仔细排查,并在第一时间解决。

即便如此,它还会带来一个更大的问题。每天晚上大量巡检工人在铁轨附近工作,如一旦某个巡检设备无意间落在了轨道上,哪怕是一个工具锤、一颗螺丝钉,都很有可能造成非常严重的铁道事故。这种事情不怕一万,就怕万一。为确保万无一失,江苏铁路局就安排了 200 个干部，每天晚上在工人们完成巡检后逐一清点工作装备，而且每个干部都要签责任状。这么做，虽然是多重保障，但耗时又耗力，而且无法完全排除异常。

后来，江苏铁塔公司就此提出了一套解决方案，利用北斗卫星导航系统给每一个工具 / 设备加装芯片，让北斗帮助工具进行实时定位追踪。方案实施以后，原来负责清点工具 / 设备的 200 个干部，就只需要 1 个人了，而且不用机械地清点，只要坐在江苏铁路局综合指挥中心，通过大屏对每一个工具 / 设备进行实时监控即可。

监控什么呢？主要是两个方面。第一，由于工具 / 设备对应的是每一个工人，每一个工人都有身份认证，那么工具 / 设备也就有了身份认证，这些工人每天巡检效果怎么样，走的哪些路，有没有遗漏，有没有偷懒，都能全方位监控到，而且视频可回放追溯。第二，这些工具 / 设备到底有没有在它们该在的地方，以及它们有没有被送回原地，也可实时监控。

目前这套方案已经实施，但在 4G 环境下，一些应用可能会遇到某个盲点，导致出现视频或信息无法传回指挥中心的现象。下一步，有了 5G 技术作支撑，监控将更快、更完整。

应用二：5G+ 北斗 + 旅游

现在很多驴友非常喜欢深度游，特别是徒步去一些人迹罕至，甚至是非常危险的地方。于是，我们有时候就会看到新闻，哪里哪里又有一群驴友遇到险情，或者失联，需要调动大量的警力参与紧急救援，这就造成极大的资源浪费。

未来有了5G，与北斗卫星导航系统结合以后，每一个驴友都可以选择佩戴一个小巧方便的定位仪。它可以辅助驴友做旅游线路规划，就不会迷路了。万一迷路了，发出求救信号，工作人员也能及时准确地获取驴友位置，安排无人机或者专业救援人员前往救援。这就是5G+北斗在户外旅游中的典型应用。

应用三：5G+北斗+无人驾驶

这是一件非常值得期待的事情，也关乎我们每个人的日常生活。现在的5G无人驾驶解决方案，已经在很多地方开展试点了，但还存在一个问题，就是单车视角。

例如谷歌的无人驾驶技术，它的原理是这样的：通过车头上的激光雷达和周边摄像头，采集周边环境信息，然后生成720度全景图像，传给汽车中控系统，从而做出正确的驾驶决策。一旦信号被遮挡，或者是这些外界的设备识别错误，就很有可能造成事故。未来，5G网络普及以后，万物互联成为现实。那时候，即便车辆存在单车视角，也可以依赖信号灯和车辆之间的双向传输信号，来解决路况信息无法快速获取的问题。因为信号灯会把自己的位置信号情况、位置、距离，实时传递给无人驾驶车辆。

但这里面有一个关键因素，就是位置的精准定位。因为信号灯要把自己的位置传递给车辆，车辆又会根据自己的位置来进行快速判别和决策。

现在北斗系统是米级定位，很有可能会出现位置漂移，在复杂多变的路况环境中，这是非常危险的。未来北斗系统实现厘米级定位以后，定位精准度将得到极大提升，在交通领域的应用也将带给普通老百姓更安全的驾驶体验。

5G+卫星的网络全覆盖

我们可以畅想一下，当厘米级精准定位的北斗加上5G，未来可以实现完全的无人驾驶。整个城市也会形成一套高效安全的智能交通大脑，它会对所有车辆进行准确定位和实时监控，车与人之间也会保持在一个相对安全的距离。由智能交通大脑实现对整座城市的交通管控和在线管理，不仅提高交通运行效率，大大降低出行成本，共享机制的引入更将实现人、车、路、资源的高效流转，这才是真正的智慧城市。

教育：5G 如何解决教育的创新性不足等问题

2019 年秋的开学季，优酷自制的一档教育领域纪录片《他乡的童年》刷爆中国家长圈，战地记者出身的周轶君，在成为两个孩子的母亲之后开始聚焦中国家庭在教育方面的焦虑和悲喜，陆续走访日本、芬兰、印度、英国和以色列，最后回到中国，搜集大量采访素材，探寻教育的过去和未来。

这部豆瓣评分高达 9.2 分的纪录片，让不少中国家长包括我在内，得到了非常有益的启发。尤其是采访以色列那一期，深深植根于犹太民族文化中的怀疑和辩论精神，让以色列人从小就具备了独立思考的能力和丰富的想象力，同样，教育中的包容性也让这个民族无畏失败，始终保持自信，弹丸小国的以色列，如今已是创新大国。

《他乡的童年》纪录片

从古至今，中国的教育从不缺乏创新，只是由于历史和文化的差异，使得东西方教育方式和方法不尽相同。但科技进步与信息共享让世界更具融合性，创新性教育正在成为一个全球性竞争话题，5G 有没有可能成为一把科技之剑，助力中国练就创新之术呢？

美国教育真的就更有创新力优势吗？

中国过去在科技上的落后，让我们的民族遭受了史无前例的苦难和屈辱，也曾一度让我们的教育缺乏自信，甚至很多人断言，中国教育缺乏创新精神，中国孩子的创造力比不上外国孩子，特别是比不上美国孩子。

在很多人看来，中国教育的目的是高考，是为了得到更高的分数，所以在整个教育过程中，过分强调做题能力和高分效应，这使得中国孩子经常在题海中奋战，忽略了创造力的培养与提升。但这是否就意味着，美国的教育就更有创新力优势呢？

罗振宇曾经在《罗辑思维》里讲过一个专题，其中提到，美国现在的教育分为三种层级，面向不同阶层来进行不同的教育：

第一种面向底层民众，包括黑人或者拉丁族裔的孩子，他们对教育的需求并不高，也不具备持续深度学习的条件，所以教育系统给予这个群体的是基础教育，包括行为习惯训练、简单的语言能力、数学应用等常识性内容。

在这些底层平民聚集的学区，如果人们想往上走，与自己的社会阶层切割干净，只有一条路，穷尽努力考上大学，这样命运才有可能被改变。美国有一种叫"KIPP"的大学预科公立学校就专为这类群体而设，有点像"高考工厂"，本质上也是一种应试教育。

第二种面向中产阶级，因为他们需要固守自己的位置，更需要不断往上爬，对知识获取和自我提升的需求比较大，所以教育内容就更为丰富。这就是美国的素质教育，在这样的教学机构里，他们不仅要学更多的体育特长、更多的才艺，还要学会独立思考、口语表达、社会交往、组织人群、探索问题，等等。

第三种是精英教育，主要面向美国的权力阶层，他们掌握了美国的核心资源，需要不断提升自己掌控核心资源的能力。所以，他们要学金融、经济管理、心理、计算机科学等，甚至是未来科学，比如 AI 相关学科与应用。这种教育往往由私立学校来承担，它的核心使命不只是让孩子变得更好，而是让孩子未来有能力去挑选别人，这才是美国顶级精英的教育。

从这里可以看得出来，美国并不是所有的教学方式都是创造性的。推而广之，教育的创新性不足这个问题，是一个全球性问题，需要人类共同面对，携起手来，努力解决。5G 与 AI 的技术结合，正在提供有效的解决方案。

木兰是如何做到女扮男装从军一直不被别人发现的？

举个例子，我们这一代 80 后，非常熟悉木兰从军的故事，对《木兰辞》这首古诗词是再熟悉不过了，时隔多年，我仍能倒背如流，"唧唧复唧唧，木兰当户织。不闻机杼声，惟闻女叹息。问女何所思，问女何所忆。女亦无所思，女亦无所忆……"甚至对老师当年课堂上的讲解还记忆犹新，比如哪句用了什么修辞手法，词语背后隐藏的含义和时代背景，等等。但这更多是一种记忆唤醒，对孩子创造力的启发还远远不够。

实际上，这样一个趣味性非常浓，可读性非常强的经典故事，如果在 5G 时代，有了 AR 技术的赋能加持，对孩子们幼小心灵的冲击力和感染力，绝对会超乎我们这一代人的想象。

例如木兰在从军过程中，她是如何做到女扮男装而不被别人发现的，她是如何解决洗澡和睡觉等日常问题的，她的生理期是如何扛过去的，等等。这些问题无不考验着花木兰，也考验着孩子们的推演能力。通过 5G 和 AR，打造一个沉浸式教学场景，在虚拟世界里，让孩子们真切感受木兰当年所处的艰苦环境，并与周边环境产生交互，在这个过程中，锻炼孩子们的观察能力，激发孩子们设身处地去思考、推演。这个场景也许是科技公司模拟出来的幻境，但却在事实层面真正触发了孩子们的脑神经。这就是科技充满神奇的地方，5G技术让这一切成为可期待的现实。

物理的空间是有限的，虚拟的空间是无限的

我们的孩子放学回家，常常被家长问到的问题是：今天在学校乖不乖，学了什么。但以色列家长却不一样，他们会问：今天跟老师提了什么问题，跟谁辩论了什么话题。

在我们的长时期的教育语境下，大多数时候孩子是被要求要好好听老师讲，老师似乎就代表了知识权威，挑战知识权威是不可以的。学生与老师的互动有时候就显得有点被动接受，这样的方式，就引发了一个疑问，它是不是会遏制人的自我思考？

反观以色列，上课期间，孩子们随时可以就老师的观点提出反驳意见，老师不会给他们贴上"坏学生"的标签。相反，老师们乐于跟学生辩论，辩论的话题，大到政治经济，小到一棵树为什么长在这里，也许辩论不见得会有最终的胜负结果，但"真理越辩越明"，长此以往，就成了犹太民族特有的文化。

试想下，如果我们换一种教学方式，不只是单方面输送知识，而是老师提话题，学生一起来参与，结果会不会不一样？另外，物理的空间是有限的，虚拟的空间是无限的。如果能把老师的资源延展，把空间延

展,把虚拟和现实世界全面打穿,那就真是见证奇迹的时刻了。

在5G网络普及后,老师提出一个话题,即使天南海北,网络那头的任何一个人都能实时参与进来,我们马上可以组一个局,来针对某一个话题进行广泛的探讨,这样学习效率将有极大地提升,学习的延展性也更强。

这样的交互式教育带来的效果,是非常不错的,为什么?因为这是一种头脑风暴,鼓励每个人自由表达,每个人都会说出自己的感受,在表达与交流中形成自己的认知。同时,学习的效率也肯定会得到指数级的提升。

你可能会说,现在通过4G的在线教学与视频会议的连接方式,已经能很好地实现这一场景,但我们必须要说,目前存在很多的问题,比如多人同时在线的视频会议系统还是有网络、设备等多种使用门槛,画质也不高,流畅度也不够理想。

但是有了5G以后,实时连线、广泛连接是极其普遍的,我们可以清楚地看到对方表情的微妙变化,感受对方细微的情绪波动。

比如在漫威电影《复仇者联盟2》里面,钢铁侠牺牲了以后,大家都非常痛苦,但依然坚守在全球各个地方,寡姐坐在总部的办公室,经常召集大家一起开会,全息成像的影像立马传输过来,每一个联盟成员,都很真切地聚集在一起,但实际上大家在天南海北甚至是隔着好几光年。未来,这样的学习方式,在5G时代将会成为现实。

AI 造成的失业会给再就业带来挑战

在失业以后的再就业教育方面，5G 也能提供很好的解决方案。现在，AI 已经进入了我们的生活，我的判断是，机器人必然会逐渐取代人类的工作，特别是那些重复性的劳动、五秒钟之内不需要太多判断的工作。AI 的优势明显高于人类，这就必然会造成大量失业。

例如司机，不管是普通的士司机，还是大巴车、货车、火车司机，还有医院的看片医生，都有可能为 AI 所取代。问题来了，这些职业的从业者，工作被 AI 所取代以后，何以为生？有两种走向：一种被 AI 养着，另外一种就是再就业。而根据我的判断，未来那些服务型和创造性很高的工作，AI 就很难取代。这类工作和刚才讲到的司机和看片医生等所需要的知识架构和经验都不相同，需要再学习，但对于思维已经固化或形成一定定式的成年人来说，再就业的学习难度其实是非常高的。

未来通过 5G 和 AI 的方式，人们就可以进入沉浸式学习环境，有效提升学习的效果。迈克斯·泰格马克在《生命 3.0》这本书里，就讲到了普罗米修斯这个未来的超级 AI，它能够给每一个人制定符合个人需求的学习方式，让每一个人都沉醉其中，学习效率也大幅度提升，这是未来 AI 时代和 5G 时代到来以后，最有想象空间的一件事情。

5G 将有效解决优质教师资源稀缺的问题

韩愈在《师说》里说：师者，所以传道、授业、解惑也。

这要求老师必须具备三个方面的能力：传道，有很好的道德、哲学修养；授业，要有良好的知识储备，并传授给学生；解惑，解决学生的疑惑，和学生进行思想碰撞与交流，打破身份的边界实现双向激发。

这等于是要求老师具备道、法、术这三方面的综合能力。过去四十年里，中国经济飞速发展，但同时拥有这三种能力的优质人才，很多都去了政府机构和商业企业，这恰恰是我们当下教育所面临的最大问题——优质教师资源的稀缺。

这正是未来我们通过 5G 和其他相关技术必须要着力解决的问题，一方面，吸引更多的综合素质高的人才，进入传道授业解惑的教师行业。另一方面，让更多的优质教师资源能够被快速地共享，包括更快速地培养出一个优秀的老师。当然，未来时代，对"老师"的定义也会更宽泛，不仅局限于一定要取得教师资格证，站上三尺讲台，才叫老师。更多有能力的人、愿意分享的人，借助网络和技术的力量，向更多的人传递思想、知识、价值观、学习方法、思维方式等，他们也是老师，也是在用自己的知识和行动推动社会进步。

教育:5G 如何提升教育的效率和解决教育的公平性问题?

> 我开始希望你有一个更好的未来,后来却变成,你希望有一个更好的世界。——题记

佛说布施境界有三,依次为:救苦救穷、急公好义、传播知识和智慧。第三重境界就是通过教育传播知识和智慧,给人带来思维上的改变,形成正确的人生观、世界观、价值观,才能让我们的孩子们在未来的路上,学会自己解决问题、创造价值。这是教育最终要去往的

佛布施的三重境界

地方，也是我们要一起努力的方向。

从以前的互联网+，到现在的 AI、云服务供给平台、教育大数据，再到 5G 技术，一系列具有时代创新性的信息化技术，正在一步一步改变传统教育现状。信息化成为缩短教育城乡差距、地区差距、学校差距的一种有力技术手段，成了实现教育公平的有力武器，在快速、便捷、互动、高效等特征的加持下，大大提高了教育各环节的效率并改进教育各环节的效果，促进教育资源的均衡化。

在线教育提升教学效率

在中国进入互联网特别是移动互联网时代以后，教育效率已然得到极大的提升。例如在南宋时期，人们想听理学大师朱熹的课，需要乘船或坐牛马车千里迢迢赶到湖南衡阳的石鼓书院才行；在民国，人们想听蔡元培校长的讲座，也需要乘汽车或骑自行车赶到北京大学才行。现在不一样了，人们若想听蒙曼老师讲《武则天》或者听易中天先生品《三国》，不需要跑那么远，只要在家观看电视直播，或者上网查看录播课程即可。

但即便如此，这样获取知识的方式还是不够生动，至少无法跟老师面对面实时互动。在 4G 时代，在线教育异常火热，一大批创新教育企业如雨后春笋般涌现，5G 技术无疑将加速教育信息化进程，而且，依托于虚拟现实、AI 等技术的完全沉浸式教育体验，或将进一步改变人们对传统教育的固化思维。

一起来看看 2019 年一个普通幼儿园孩子的生活：

语文方面，在日常生活和阅读绘本的过程中，孩子家长会有意无意地教孩子认识汉字，但孩子的接受度并不高，记得不够牢。后来家长就在 iPad 上下了个"悟空识字"的 App，这个应用以动画的形式，将每一个汉字进行象形拆解、组词、造句，再以游戏任务方式巩固所学。一个暑假，孩子就非常轻松地掌握了 300 多个常用汉字，而且每天不用家长催促，自觉学习。

数学方面，对于四五岁的孩子，加减乘除是比较难的，但类似豌豆、火花等数学思维在线学习平台这两年已经迅速崛起，并受到很大一批家长的欢迎。孩子一周上两堂在线直播课，老师远程教学，寓教于乐，无论是上课的顺畅度、知识的吸收量，还是孩子的学习热情，都非常令人满意。像 80 后、90 后这一代家长，小学才要求掌握的 20 以内加减法，甚至初中才接触的几何图形、数独谜题，现在通过信息化手段，竟然能让一个 4 岁的孩子乐在其中。

英语方面，在线英语教学在中国已经非常普及了，VIPKID、Gogokid、51Talk、哒哒英语、学而思 1 对 1、斑马英语等，不同基础、不同年龄段、不同性格、不同学习习惯、不同地域、不同家庭背景的孩子，基本上都能找到合适自己的在线课程。一边看欧美纯正发音的动画片，一边在线跟读，一边还有老师指导，课后还有在线测验的题目和游戏，一个幼儿园孩子的英语启蒙基本不用担心了。

寓教于乐的远程教学

可见，信息化教育不仅让孩子的学习效率大大提升，在线化无纸教育，更是突破了时间和地域的限制，让家长省心了不少，也让教育资源得到更高效的配置，可谓一举多得。

从 2018 年开始，爱作业等学习应用也相继推出了拍照批改学生作业这个功能。

从目前来看，这些系统应用的是准确的视觉处理和图像识别技术。至于过程解什么函数，出来什么结果，都是通过云端的计算能力完成的。

这类应用中，怎样提升孩子的学习能力才是最有想象空间的。例如：第一步，可以针对孩子常解错的某一类题目（例如三角函数），有针对性地通过新的试题不断提升他的解题能力；第二步，根据孩子们海量新的试题解答的数据，不断地去优化算法和模型，来提升整体试题的准确率和有效率，然后不断去逼近一个某一类别最优的试题模型。如果还能根据孩子们的历史学习数据，自动匹配不断进阶的课程就更好了。

而这些技术的实现，都需要 5G 和 AI 技术的深度结合。

沉浸式教学，切身体会什么是薛定谔的猫

未来，5G 时代到来后，会有越来越多的教育解决方案，通过数字技术甚至 3D 建模技术，构建一个又一个完全虚拟的世界，将孩子更好地带入一个沉浸式的学习场景。这样的场景，不再局限于教室，任何一个让孩子们着迷的空间，比如一片森林、一个山洞、一艘潜水艇、一个荒岛、一座冰山、一个海湾，都能让孩子们在探险中更立体地认识世界，在游戏中更有效地掌握知识。

全美乃至全球最受欢迎的儿童科普读物之一——《神奇校车》风靡 30 年，在中国也影响了很多人的成长，但这些故事现阶段只能呈现在书本上，孩子们只能从文字描述和彩色绘画中，进入卷毛老师的神奇课堂。

未来，依托 5G 网络的全新教育方式，孩子们能通过 VR 头显设备、裸眼 3D 设备或其他终端，真切地感受到坐上神奇校车的感觉，然后跟随卷毛老师上天入地去探险。比如在人体主题课程中，把整个人体做成了大迷宫，神奇校车不断缩小，从鼻腔进入气管、咽喉，到肺部，然后再变形成为一台血液列车，在密密麻麻的血管里穿梭，每到一个地方，卷毛老师适时讲解，校车里除了孩子自己外，还有他熟悉的同学们，大

家你一言我一语，就像在课堂上那样与老师、同学互动，多美好的体验。

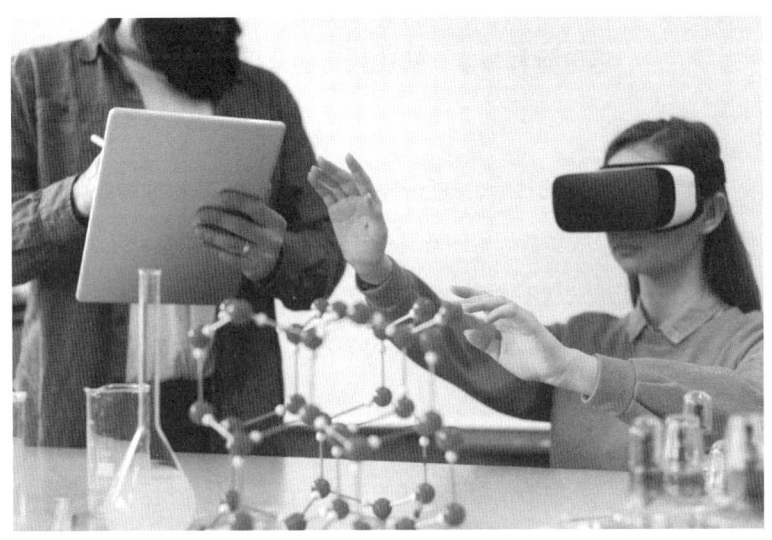

VR沉浸体验提高教学效率

再举个例子，量子力学里面的"薛定谔的猫"，这是奥地利著名物理学家薛定谔提出的一个思想实验，是指将一只猫关在装有少量镭和氰化物的密闭容器里，镭的衰变存在概率，如果镭发生衰变，会触发机关打碎装有氰化物的瓶子，猫就会死；如果镭不发生衰变，猫就存活。这只既死又活的猫就是所谓的"薛定谔的猫"。但是不可能存在既死又活的猫，必须在打开箱子后才知道结果。

这个实验试图从宏观尺度阐述微观尺度的量子叠加原理的问题，巧妙地把微观物质在观测后是粒子还是波的存在形式和宏观的猫联系起来，以此求证观测介入时量子的存在形式。对于这么复杂的课题，如果能借助5G网络与虚拟现实技术，建立一个沉浸式场景，让孩子们进入到猫所处的环境中,肯定会对这个理论有更深切的认识和记忆。

5G 远程教学,解决教育的公平性问题

教育作为重要的社会公共服务,理应最大限度地实现均衡化分布,可是长期以来,大多数国家的教育资源均衡化进程都很慢,在有些地区甚至还出现了越来越不均衡的分布趋势。这种不均衡主要体现在城市优质教育资源分布过于集中,山区教育发展严重滞后两个方面。

现在"高考移民"越来越多,与此同时被网友们相继曝光的事实是,很多一线城市,高中学校聘请老师的起点,已被无形中抬到了清华、北大博士文凭以上,个别学校还要求留洋博士。可见,一线城市拥有的优质教学资源,也是其他地方无法比拟的。

这让我想起我的家乡——湖南省邵阳市洞口县,我的家在雪峰山下平溪江边,90年代交通还不太方便,接收到外界消息的速度也慢。我们经常开玩笑说,如果当年在学校被外星人抓走,消息要传递到首都北京可能需要三天时间,但现在就不一样了,只要三秒全世界可能都会知道了!

因为信息传输的障碍,直接影响了我们知识的获取,所以很多有资源的家长,都想办法把孩子送到市里、省城甚至沿海城市里上学。我的小学、初中、高中都是在小县城度过的,当然,幸运的是,我碰到了很多好老师。比如我的初中班主任周育萍老师,她虽然当时也是刚从大学

毕业，但她走过很多地方，看过很多书，知识面很广，她总是乐于把自己的见识和见闻，在教学和日常相处中传递给我们。现在回想起来，那可能是我睁眼看世界的一个开端，她教会我始终保持对世界的好奇心，这一直影响我到现在。

相比于我的家乡，我们还有很多偏远的山区，那里的孩子更难得到优质的教学资源。我读大学时，有幸去过几个偏远地区参与支教活动，每次上课，当讲到平行宇宙、量子纠缠、时光飞船时，孩子们眼里就会闪烁出异常明亮的光芒，我想他们已经打开了世界的另一扇窗。中国现在的精准扶贫是一项重大工程，其中教育的扶贫尤为重要。

5G 网络普及以后，优质的教学资源可以通过越来越多的应用型产品，以超快速的 5G 网络，快速传递到每一个角落，偏远地区的孩子所能够接收到的信息、所获得的教育资源，都将极大提升。

中国自 2015 年提出"互联网＋教育"以后，教育信息化就成了方向和潮流。2018 年 4 月 13 日，教育部正式印发的《教育信息化 2.0 行动计划》，是教育信息化的升级，要求教育实现从专用资源，向大资源转变；从提升学生信息技术应用能力，向提升信息技术素养转变；从应用融合发展，向创新融合发展转变。

未来，围绕教育信息化进行深层次的开发利用，在课件以及教案统一化的基础上，通过 VR、AR、全息等现代技术，将各个学校、各个教室每一节课，都实现同步化，云端实时共享，各地的学生只要连接上 5G 网络，就能自由选择视频直播远程教学，或者回看任何一个教师的教学全过程,实现跨地区的虚拟现实参与式听课。相信这样的信息化发展方向对于彻底消灭教育资源不均衡化,将有着非常现实的意义。

旅游：5G+AI，智慧旅游新体验

夏天的风，越过山岗。枝丫摇晃，蟋蟀伴唱，是大地乐章。滚烫热浪，掀起裙角，绕过金黄，在原野流淌。谁的惆怅，不诉离殇，你的梦想，绽放如午后阳光。旅行的季节，就该让自己闪亮。一起出发，快乐起航，迎着朝霞奔跑，去追寻诗和远方。一路风景，一路光影萦绕，像金黄色的麦浪，在这个热情奔放的季节，自顾自地舞动着迷人光芒。

旅行是时空的转换，也是让人愉悦的过程。随着 5G 时代的到来，5G+AI+ 旅游，将让我们跨越时空，畅享智慧旅游。

国务院发文，5G+AI+ 旅游，大有可为

2019 年 9 月 22 日，第三届粤港澳大湾区（国际）科技经济创新发展交流大会在深圳举行，探讨如何以创新引领推进粤港澳大湾区建设。我在会上做了主题报告，对国家 5G 新业态和新文旅新零售的政策进行

了解读。

深圳 5G 先行和国务院关于文旅行业 5G 优先布点的政策解读

2019 年 9 月 1 日，深圳市政府出台《深圳市关于率先实现 5G 基础设施全覆盖及促进 5G 产业高质量发展的若干措施》，指出到 2020 年 8 月底，实现 5G 网络覆盖全深圳，建设密度达到全国领先，并明确要求开展 5G 技术创新，5G 场景应用示范；加大对 5G 新基建项目的支持，打造世界级 5G 产业集聚区。这是深圳落实社会主义先行示范区的具体动作，深圳 5G 先行先试，为 5G 建设开拓出一条路。

2019 年 8 月底，国务院连续发文，要求用 5G 新技术推动和促成新文旅新零售行业的消费升级。国务院发布的《关于进一步激发文化和旅游消费力的意见》（下文简称《意见》）明确要求深化文旅行业供给侧结构性改革，在九项主要任务中，有四次提到要充分利用 5G 等新技术推动文旅产业发展，推动景区设施设备更新换代、产品创新和项目升级；

《意见》同时提出，要求发展基于 5G、超高清、增强现实、虚拟现实、AI 等技术的新一代沉浸体验型文化和旅游消费内容；在强化政策保障措施中，《意见》还要求，为加快智慧景区建设，可探索开展旅游景区经营权、门票收入权质押以及旅游企业建设用地使用权抵押、林权抵押等贷款业务。

从这可以看出，5G 正在助力和推动经济发展"三驾马车"的变革：通过 5G 新基建，做好基础设施升级，推动社会投资；5G 助力新文旅和新零售，推动消费升级；5G 赋能产业互联网，促进产业升级，也拉动出口。

全球首个 5G + AI + 旅游产品应用解决方案在北京发布

2019 年 8 月 26 ~ 27 日，GIEC2019 全球互联网经济大会在北京国际会议中心举行，在这次会议上，我代表公司正式发布了 5G + AI + 旅游的产品应用解决方案，这是全球第一个兼具前瞻性和落地性的 5G + AI + 旅游的产品应用解决方案。

该方案是由中兴网信旅游研究院和中科院以及业内的专家学者智库用了两年时间一起规划设计的，得到了全球其他生态合作伙伴和国家相关主管部门的大力支持。

全球首个 5G ＋ AI ＋旅游产品应用解决方案在北京发布

都说 4G 改变生活，5G 改变世界，5G 和 AI 的结合将引领第四次工业革命。

5G ＋ AI ＋旅游的产品应用解决方案，将 5G、AI 的能力和旅游行业结合在一起：5G 大带宽、广连接、低时延的特点，结合 AI 的算力、算法、大数据三大基石，通过 VR 直播、智能泊车、人脸识别、AI 导游机器人、无人摆渡车、AR 导览、风景 AI 智能识别、智能定位分析、智能应急处理等九大应用，在旅游行业将虚拟世界和现实世界全面打通。

在 C 端体验方面，通过 5G ＋ AI，让游客跨越时空，畅享智慧旅游；在 B 端管理方面，通过旅游 AI 大脑、旅游大数据平台、旅游 AI 应急处理平台等，让旅游目的地主管部门实时掌握各旅游业态的运营状态，提升精细化管理服务水平。

具体应用方面，让我们脑洞大开，以重庆万盛和迪士尼景区为代表，开启 5G 未来景区的欢乐畅想：

1. VR 直播

场景应用：春天，万物复苏，游客可通过 VR 直播，远程领略重庆万盛黑山谷百花怒放、百鸟争鸣、如诗如画的风景；

技术特点：5G 大带宽、低时延特点，让游客所见即所得，画质清晰，怎么看都不眩晕，VR 直播设备也会变得轻巧如普通眼镜，有如孙悟空的千里眼，千里之外，毫秒必达。

2. 智能泊车

场景应用：夏天，烈日炎炎，游客开车到万盛龙鳞石海景区，通过手机即可一键导航到车位，好心情从智能泊车开始；

技术特点：5G 阵列型密集基站部署，在准确完成车辆室内定位的同时还能实现立体定位。

3. 人脸识别

场景应用：秋天，人头攒动，游客到万盛奥陶纪景区后，无须顶着烈日或风雨排队买票，掏出 5G 手机人脸识别线上购票，闸机人脸认证毫秒入园，轻松惬意。

技术特点：基于 5G 低时延特性，瞬时响应验证信息，大大减少游客入园等待时间。

4. AI 导游机器人

场景应用：冬天，寒风凛冽，游客进入万盛游客中心，智能导游机器人在冬日里提供全方位温暖服务，热情对话，让游客宾至如归。

技术特点：5G 的边缘计算，让 AI 导游机器人有求必应，知无不言、言无不尽，而 5G 的云计算，则让机器人能够快速在云端完成大数据检索、语义识别和智能应答，变成一个无所不知的旅游达人。

5. 无人摆渡车

场景应用：清晨，迪士尼东边，游客从星愿公园出发，拿出手机直接呼叫无人摆渡车后，在清凉的酒店大堂舒心等候，无人摆渡车到达后自动提醒上车，游客乘无人摆渡车直达景区。

技术特点：5G 的低时延和密集组网，是实现无人驾驶摆渡车的基础；实时响应的无人摆渡车能最大限度地提升游客满意度。

6. AR 导览

场景应用：上午，迪士尼南边，游客在迪士尼小镇游览时，通过轻便的 AR 眼镜看到米老鼠，AR 导览便会自动开启对其的介绍，图文、语音及视频结合，令人感觉惟妙惟肖。

技术特点：基于 5G 高速率、低时延的特点，不仅能够实时响应游客需求，即使再多的游客体验也可以让服务始终如一。

7. 风景 AI 智能识别

场景应用：中午，迪士尼西边，游客在玩具盒欢宴广场享用午餐，用手机扫描玩具总动员角色模型后，手机中会播放视频给游客演绎玩具总动员的背景故事，多维度生动地展现和讲述，让游客全方位体验迪士尼文化的魅力。

技术特点：5G 的边缘计算能力让游客随景而心动，体验丰富，深度广度兼备；5G 的大连接，能轻松应对大量游客，响应及时，如景随行。

8. 智能定位分析

场景应用：下午，迪士尼北边，游客游玩迪士尼冰雪奇缘景区后，考虑购买些许主题商品，商场通过定位游客在各商品区停留的时间，优化主题产品的摆放位置，实现精准营销。

技术特点：利用 5G 连接海量视频监控终端，通过 5G 边缘计算快速分析视频大数据，形成游客游览轨迹，实现游客的快速智能定位；通过 5G 网络连接海量终端，高速率回传各渠道数据，通过对定位分析，形成景区人流实时热力图。

9. 智能应急处理

场景应用：晚上，迪士尼中心区域，奇想花园景区中有游客突然不小心摔倒，通过视频分析，判断该游客可能存在的风险，启动应急处理解决方案，事后将处理结果形成报告，实现保障有效，应对有序。

技术特点：通过 5G 网络连接海量终端，同时高速率回传各渠道数据，通过 AI 对游客数据进行预警监控，针对游客流量大量聚集事件的位置，提示相关业务部门进行疏导或紧急救援。

AI 赋能重庆万盛，全域旅游城市全面升级

在全域智慧旅游的建设中，重庆万盛领跑全国，富有成效。

万盛作为重庆唯一的旅游经济试验区，具有得天独厚的旅游资源优势。要打造万盛全域旅游城市升级版，将其建成国家资源型城市旅游转型发展试点区、国家全域旅游示范区、国家级旅游业改革创新先行区，必须构建全域智慧旅游体系。

自 2017 年以来，为推进重庆万盛精细化管理和服务，万盛智慧城市项目全面启动。在智慧旅游项目中，我们和重庆市政府一起联合规划并最终采用了"AI+旅游"的设计理念，建设全域智慧旅游平台，协助万盛升级为全域旅游城市。

万盛全域智慧旅游平台由旅游监管、旅游服务、旅游大数据三大模块，十五个软硬件系统构成。我们将 AI 作为万盛全域智慧旅游基础技术，创新全域旅游发展机制，设立全域旅游安全数据中心、旅游 AI 投诉中心、旅游 AI 综合指挥调度管理中心等。同时，也建设了黑山谷、龙鳞石海等智慧景区。

重庆万盛智慧旅游项目指挥调度中心

现在,万盛旅游委管理人员坐在旅游指挥调度中心,就可以对全区进行全面有效的智能化、精细化管理。通过"旅游+大数据+AI大脑",辅助旅游委强化对全区旅游行业人财物的管理,包括客流管理、交通管理、应急管理、景区文旅活动管理等,从而保障了万盛全区旅游的有序、稳定运行。

重庆万盛游客与机器人互动

在 AI 具体应用方面，游客在游客中心等旅游集散地就可以通过 AI 人脸识别购票机购买门票，进入黑山谷和龙鳞石海等景区时可以免票直接刷脸，通过边缘计算和云计算技术，在云端毫秒间完成校验，实现快速入园，解决排队拥堵问题；平台打通了旅游调度指挥中心至万盛所有景区的网络连接，通过 620 个景区高清监控摄像头，1000 多个全区道路监控系统，使得全区将近 20 个景区所有视频实时汇聚，特别是成功对接公安局道路视频监控系统专网，从而实现了对景区内外交通车流量信息、景区人流量信息进行实时监控和智能分析。旅游委通过分布在全区主要旅游线路上的户外 LED 大屏旅游多媒体信息发布系统，提前向游客发布天气预报、交通情况、景区承载量等实时旅游信息，特别是在旅游高峰期，引导游客做好规划，实现人车智能分流。

此外，旅游大数据平台通过采集的海量数据对人流、车流进行预测和预警，通过游客画像帮助城市和景区进行精准营销等。

2017 年，万盛全年共接待游客 1805.6 万人次，同比增长 41%；实现旅游总收入 91.2 亿元，同比增长 41%。2018 年万盛全年共接待游客 2207.13 万人次，同比增长 22%；实现旅游收入 145.9 亿元，同比增长 60%。万盛全域旅游发展取得阶段性成效，智慧旅游建设的推进功不可没。目前，万盛智慧旅游项目已经顺利通过专家验收，受到客户高度认可与赞许。

深圳欢乐谷积极探索 5G+ 体验乐园

在深圳先行先试的背景下,作为中国主题乐园行业的领跑者,深圳欢乐谷率先探索 5G 时代下主题乐园发展的新模式。2019 年 5 月 16 日,深圳欢乐谷联合中国电信一起举办了"中国首个 5G+ 体验乐园"战略合作启动仪式,标志着主题乐园进入"5G+"娱乐新时代。

深圳欢乐谷提出以 5G 技术为乐园运营与服务赋能的理念,除了在基础建设方面实现 5G 网络全园覆盖之外,还将围绕智慧娱乐、智慧服务、智慧管理三大方面不断探索并落地 5G+ 技术的实际运用。

深圳欢乐谷启动全球首个 5G+AR 的全场景沉浸式体验馆

在提升游客体验方面,随着 5G 技术的不断深化应用,游客将在深圳欢乐谷感受到 5G "飞" 一般的畅快网速,还将陆续体验到基于 5G 通信技术打造的虚拟现实、增强现实、4K 全景、全息影像等以往只能在 "超级玩家" 这样的大片中看到的 "黑科技" 沉浸式互动娱乐项目。同时,还可享受到园区内无人驾驶车辆游览、智能化机器人导览、AI 咨询服务、无人机售卖、游玩路线智能规划等超 "VIP" 级服务体验。2019 年 10 月 11 日,深圳欢乐谷打造了以 "AR 幻乐园" 为主题的潮玩节,基于 5G 技术创新推出全球首次 AR 沉浸式节庆活动。

深圳欢乐谷 AR 体验馆,游客付费体验

在园区运营管理方面,深圳欢乐谷未来还将借助 5G 技术应用的不断成熟,持续创新,整合远程维修、无人巡防、物联网监测、无人配送等新的工作模式,打造快速反应的智慧管理指挥中心,实现 5G 智慧管理。

深圳欢乐谷作为华侨城文旅产业核心企业，用创想基因，敢为人先，求新求变。深圳欢乐谷打造的"中国首个 5G+ 体验乐园"，正是深圳这座创新之城与华侨城这个创想之城珠联璧合的结晶。据悉，以此为原点，华侨城文旅板块也将在全国文旅产业引发一场 5G 时代的技术革命，中国文旅产业即将迎来 5G 技术全面应用的新时代。

5G 助力文化和旅游的深度融合

2018 年 3 月，文化部和国家旅游局合并，组成文化和旅游部，诗和远方终于在一起了。文化是旅游的灵魂，旅游是文化的载体。在文旅融合的大背景下，张家界魅力湘西总策划、湖南省旅游学会专家委员会首席专家张建永指出：当下，文旅融合还存在着一些问题。在文化向旅游融合的过程中，存在着以文化本质掩盖了旅游本质、以文化的学术性掩盖了旅游的市场性、以文化的公益性掩盖了旅游的产业性的倾向；而在旅游向文化的融合中，则存在着以旅游需求掩盖了文化的需求、以旅游的产业化掩盖了文化的事业化、以旅游的赢利性掩盖了文化的学术性的倾向。

文旅如何深度有效融合？

线下现实世界的文旅融合很重要，线上虚拟世界的文旅融合更重要。5G 时代的到来，给文旅行业发展带来无限的想象空间，文旅产品体验将从移动互联向万物互联发展，VR、AR、MR、全息投影、无人驾驶等新技术将得到淋漓尽致的发挥，给游客带来各种新奇的体验和心灵的愉悦。我相信，5G 和大数据、物联网及 AI 等技术，也必将在文化和旅游行业的融合中掀起一场新的产业革命。

　　腰仗三尺正义剑，胸怀柔情千万千。与 5G 同行，踏遍千山人未老，风景哪里都好！

旅游：5G 和 AI 技术在红色旅游方面的创新应用探讨

> 我常想起，故乡泥土的芬芳和迷人的稻香。
> 让自己发光，就无须别人点亮。
> 或许，现在您还不是最亮的那颗，但却默默温暖了 14 亿人的心房。
> 今天是您的生日，我的中国，生日快乐。

这是观看新中国成立 70 周年大阅兵后我写下的一段话。

2019 年"十一"长假，恰逢新中国成立 70 周年，各地民众纷纷用自己的方式为祖国祝福，中共一大会址、南湖红船、杨家岭、西柏坡、古田会议旧址、香山革命纪念地等红色旅游景区迎来客流高峰。弘扬红色精神、传播红色故事、传承红色基因，红色旅游成为极具意义的出游活动。

同程艺龙与同程旅游联合发布的《2019 国庆黄金周居民出行及出游趋势报告》显示，北京、延安、井冈山、嘉兴、韶山、遵义、重庆等是黄金周期间较为热门的红色旅游目的地。与新中国诞生、长征等重大历史事件相关的主题纪念馆、博物馆、遗址等成为黄金周期间红色旅游的"超级 IP"。俄罗斯等地也已成为不少中国游客欧洲游的热门"打卡"地。

红色革命 100 年

事实上，红色旅游的热度这两年持续攀升，尤其是在文旅融合之后，旅游的教育功能更加凸显，再加上各地红色旅游的产品供给大幅度增加，这都让红色旅游的认知度有了明显提升。

红色旅游，主要是以中国共产党领导人民建立丰功伟绩所形成的纪念地、标志物为载体，以其所承载的革命历史、革命事迹和革命精神为内涵，组织接待旅游者开展缅怀学习、参观游览的主题性旅游活动。

关于红色旅游的时间界定，一直存在争议，狭义的界定是从 1919～1949 年，也就是中国共产党领导新民主主义革命取得胜利的 30 年。但我认为，1949 年之后，中国共产党继续领导中国人民取得的一系列成就，包括改革开放的 40 年，也应该算作红色旅游的一部分。这个观点我曾特地向红色旅游专家邓昭明博士核实过。

广义的界定是"十二五"规划期间明确的，即 1840 年以来 170 多年之间的中国近现代历史时期。但这个定义充满了冲突，比如 1850 年洪秀全领导的太平天国运动，是农民起义非常重要的一个革命形式，但它的最终结局证明，单纯的农民战争不可能完成反帝反封建的革命任务，因此，这部分不应该归入红色革命的范畴。同理，孙中山 1911～1912

年领导的辛亥革命，推翻清朝专制帝制、建立共和政体，尽管它具有伟大的历史意义，但主体并不是中国共产党，所以也不应该作为红色革命。

我认为，红色旅游的时间范畴，比较合理的划定是从 1919 年开始，到 2019 年刚好是 100 年。当然，未来也会一直持续下去。

为什么从 1919 年开始算起？因为 1919 年巴黎和会上中国外交的失败，直接引发了五四运动，五四运动又直接影响了中国共产党的诞生和发展。中国共产党党史一般将五四运动定义为"反帝反封建的爱国运动"，并以此运动作为旧民主主义革命和新民主主义革命的分水岭。从这以后，中国人民在中国共产党的带领下，反对外来侵略、奋勇抗争、自强不息、艰苦奋斗，建立了新中国，实施了改革开放，走向了繁荣昌盛，取得了一系列举世瞩目的伟大成就。在这期间，展现我们伟大民族精神的重大事件、重大活动和重要人物事迹的历史文化遗存，都应该作为红色旅游资源，为后人所铭记。

5G 和 AI 在红色旅游方面的应用探讨

红色旅游目前面临三大问题：第一，旅游资源呈现方式相对单一；第二，大量资源分布在偏僻的地方，交通不够便利，游客体验较差；第三，历史文化资源的保护和开发遭遇技术性瓶颈。

对此，5G 和 AI 技术或许能提供全新的解决思路，至少在整个红色旅游的呈现方式和表现形式上，包括游客体验上，将有极大的提升空间。

接下来我们用几个应用构想和设计,来展望未来 5G 和 AI 时代下的红色旅游的应用场景:

(1) 贵州赤水·四渡赤水红色 VR 战争体验馆

四渡赤水是红军长征中非常经典的一场战役,1935 年 1 月 19 日至 1935 年 3 月 22 日,中央红军长征中,毛泽东指挥中央红军用三个月的时间六次穿越三条河流,转战川贵滇三省,巧妙地穿插于国民党军重兵集团围剿之间,不断创造战机,共歼敌 3 万余人,俘敌 3600 余人,取得了红军长征史上以少胜多,变被动为主动的光辉战绩。

我曾在 2015 年去过一趟贵州赤水,想真切体验一下当年四渡赤水的历史场景,但到了现场,只能看到部分遗址,通过导游的口头介绍,以及纪念馆有限的照片和文字描述,来了解当年的历史。内容非常单薄,形式非常单一。参观结束后,我并没有感受到作为中国历史上如此经典的一场战役所应该有的转战千里、枕戈待旦、枪林弹雨的氛围,也没有见识到毛泽东当年在这里指挥若定的领袖风采,所有精彩的细节与过程,全靠脑补和想象。

后来当地政府重新规划设计了一套完整的体验方案,四渡赤水红色 VR 战争体验馆项目由此诞生。

这个战争体验馆是如何实现的呢?首先,通过 VR 技术把当年四渡赤水的战争场面完全虚拟构建出来,以交互电影的方式再现历史。游客在体验馆戴上头显设备,端着仿真枪或者使用仿真炮,就可以直接进入当年四渡赤水的战场中去,包括血战赤水桥、渡江掩护战和生死救援等经典情节。这种来自视觉、听觉、触觉的真实感、震撼力,迅速将游客带入历史场景,给游客的体验也是传统纪念馆所无法比拟的。

贵州赤水·四渡赤水红色VR战争体验馆

我们知道,在目前的4G网络下,VR技术本身还存在很多问题:第一,它的头显设备重,会带来眩晕感;第二,它的画质内容并不是特别清晰;第三,因为网络传输时延,它的画面流畅度并不是很高。

当时在做产品设计的时候,体验馆针对这三个问题做了很多优化和改进,比如将头显等辅助设备,尽可能做得轻便一点;将故事情节设计压缩在 6～8 分钟，在确保画质的前提下尽可能压缩视频内容。同时，为了减少眩晕感，特地将故事细节做优化处理，比如子弹飞过来的过程中，将子弹速度设置得慢一点，等等。

正是将这些细节进行了优化处理，该项目开馆后，引爆了整个红色旅游的发展，也成了当年红色旅游新业态的一个典型代表。

令人印象深刻的一个细节是，2016 年 9 月 30 日开馆时，赤水市有个市领导要去现场体验。本来工作人员给他安排了绿色通道，但他说不需要，他要像游客一样去体验，结果排了很长时间的队，最后体验完之后，他给了一个大大的赞。这个虚拟场景的体验之旅，激发了他内心深处的家国情怀，让他一时间热血沸腾，战斗力满满。这也说明了利用科技手段再现历史，更能拉近现代人与历史的距离。

未来一旦 5G 到来，VR 目前存在的很多问题都会迎刃而解，更重要的是，基于 5G 的高速率、低时延、广连接，虚拟现实技术还将延伸出更多的应用，解决更多的场景需求。

（2）湖南韶山·毛泽东故居

毛泽东故居，我已经去过多次，因为自己在成长，每次去的心境不一样，感受也不同。但这么多年下来，变化不大，一个是那所老房子，里头陈列了毛泽东当年成长的点点滴滴；一个是纪念馆，通过图、文、影像，回顾他的一生。

同样存在我们上面讲到的问题，代入感和沉浸感还不够，只能通过导游口头讲解或者年代久远的历史资料来了解。

2007年有一部电视剧——《恰同学少年》很火,该剧以毛泽东在湖南第一师范的读书生活为背景,讲述了以毛泽东、杨开慧、蔡和森、向警予、陶斯咏等为代表的一批优秀青年风华正茂的学习生活和他们之间的感情故事。我是湖南人,对这个电视剧的感触特别深,尤其是毛泽东跟同学们一起替国分忧,讨论治国策略,一起头脑风暴,那些情节至今仍深刻在我脑海中。

如果能够通过虚拟现实技术重现历史,让游客来到毛泽东故居和纪念馆的时候,墙上的每一幅画,都能够有相关的故事呈现,让你进入到一个虚拟的世界里面,或者以全新的融媒体方式,为游客带来非常震撼的综合观感。

比如在《恰同学少年》中有一幕,毛泽东和他的同学们在岳麓书院畅谈理想,彻夜商讨治国策略。忽然下起了大雨,大家跑向爱晚亭躲雨,一边跑一边齐声高歌,那个场面其实非常让人感动。如果能够通过AR的方式把这一幕还原,把游客带入当年百废待兴的环境,以及激情澎湃的心境,一定会给游客意外的惊喜!

(3)江西·南昌八一起义纪念馆

2017年上映的电影《建军大业》中,有一幕非常经典,是讲1927年南昌起义进入到最后阶段,欧豪饰演的叶挺作为前敌总指挥领导了当时一场激烈的巷战。尽管我军伤亡惨烈,但导演用全方面多视角呈现了激烈的战斗场面,调动了观众的情绪。我记得当时在影厅,感觉所有人都被点燃了一样，热血沸腾。

电影还原了当时硝烟弥漫的战场，让当下的年轻人真切感受到当年革命先烈保家卫国、浴血奋战、不怕牺牲的精神，使年轻人受到了一次深刻的爱国主义教育和革命精神洗礼。

通过电影院有限的影像手段，就能还原当年的战场，为什么不能在南昌八一起义纪念馆，以 VR 和 AR 以及全息投影的形式，让所有到访游客，尤其是在和平年代长大的青年一代，真切感受到当年革命先烈保家卫国、浴血奋战、不怕牺牲的精神，使青年得到爱国主义教育和革命精神洗礼呢？

试想，如果以《建军大业》电影描述的巷战为原型，在南昌重新搭建一个 AR 巷战体验馆，把虚拟和现实完全融合起来，就像我们玩 CS 游戏一样，来一场硬仗，那一定非常精彩。相较于电影的单方面传播，AR 更强调互动性，以及沉浸式氛围，角色代入感更强，不仅有枪林弹雨的真切感受，还有自身射击、搏斗的参与感，这样的立体式体验，在弘扬红色精神、传播红色故事、传承红色基因上，显然效果更为理想。

2019 年 3 月，南昌八一起义纪念馆正式推出"5G+VR 红色旅游直播巡展"，主要利用 5G 的高速特性与 VR 科技的沉浸感相融合，让每一位外地游客可以在互联网上进行 VR 实景沉浸式直播参观，身临其境地了解八一南昌起义的历史背景、意义，真实感受八一南昌起义的壮烈，深刻领悟八一南昌起义的精神和内涵。

相信随着 5G 的全面普及，以及虚拟现实技术的不断进步，更深层次的 5G+VR 红色旅游应用、更具互动趣味性的 VR 电影和游戏、更让游客满意的红色旅游体验,将会走进越来越多的红色景区。

5G 时代文旅融合的三大数字化趋势,是新业态创造新资源、新应用带来新体验、新平台支撑新服务。文旅融合的数字化创新发展,将解决长期存在的资源不可替代、体验难以复制、需求不好预判等难题。数字化新业态将不断创造文化旅游新资源,不断开拓文化旅游发展新空间。

旅游：红色旅游，百年阅兵，脑洞大开

你有没有想过 20 多年后的世界是怎样的？是像科幻电视剧《西部世界》里那样，西部乐园里供人类驱使的类人智能机器人让你随心所欲随意享用；还是像迈克斯·泰格马克的《生命 3.0》里面描绘的那样，人类完全脱离进化的束缚成为命运的主人，自己设计生命的硬件和软件；还是像刘慈欣的《三体》里面描述的那样，人类面对外星文明的入侵，必然走向流浪之路，向宇宙的更深处去探索希望和未来。今天就让我们一起来开开脑洞，畅想一下 20 多年后，也就是新中国成立 100 周年时的阅兵场景。

红色旅游资源，不仅指新中国成立之前中国共产党领导人民取得的成就，也包括新中国成立以后中国共产党继续领导中国人民取得的各种各样的成就，这个面向未来的时间周期是可以无限拉长的。

2019 年 10 月 1 日，在这个全世界中华儿女都无比激动的日子，无数人在电视机前、电脑前、手机前同步观看新中国成立 70 周年大阅兵

和群众游行,感受着祖国的强大,更为祖国的繁荣昌盛、蒸蒸日上而自豪。70年砥砺奋进,70年波澜壮阔,这次阅兵全面体现了中国的强军成果和军队现代化建设的历程。

"能做"和"做到"有天壤之别。读书时,记得好友彦曾经说过,能考100分和考了100分,差别很大。中国70年发展,有如此成绩,难能可贵,令人振奋。

百年阅兵的神奇方队

20多年后,也许我们已经进入了8G甚至9G时代,我们的军事、科技、经济也将进入另一个全新的发展高度,基于这样的前景预设,我们不妨来看看100周年国庆阅兵:

观众朋友们大家好,这里是中央电视台,现在为您现场直播的,是国庆100周年大阅兵活动,伴随着喜气洋洋的礼炮声,阅兵仪式正式拉开了序幕,三军仪仗队领先全军,率先登场……

机器人方队

现在正向大家走来的,是机器人方队。它们迈着整齐的步伐浩荡而来,身手敏捷,英姿挺拔,跟我们的军人一样威风凛凛。在过去的战斗任务中,机器人发挥了极其重要的作用,它们具有像孙悟空一样的"七十二变"技能,无论是集体作战、单兵搏斗,还是陆地、海洋,无论是高山、大漠,还是高温酷暑、极地气候,从人型到动物型,从细菌到枪炮，它们无所不能，随时改变，而且能快速适应，快速投入战斗。通过超快速8G网络，机器人与指挥中心远程联动，具备智能分析、准确判断、智能决策、快速突击等特点，是应对复杂的信息化作战环境必不可少的力量，是作战的"急先锋"。

无人机方队

接下来我们看到，天空中正飞过来的，是无人机方队，这是中国最新型的高科技无人机，它们具有几个方面的能力：第一，超强磁力打击能力，可以快速摧毁敌人的通信系统，摧毁敌方指挥系统；第二，毫秒级精准定位能力，结合北斗卫星定位系统，从数万米高空投放炸弹到敌方目标，战斗力超强。同时，无人机也具有强大的协同作战能力，它们可以结合自身的位置优势和战斗实力，智能规划战斗策略，对一个目标同时发起攻击，具备优异的火力、机动、防护和智能化水平。

"司空摘星"间谍方队

接下来大家看到的，是"司空摘星"间谍方队。40年前有一款叫作"红色警戒"的单机游戏，里面有个玩家都喜爱的角色——建田，他可以进入到对方的挖矿机里，把对方的财富全部偷过来。如今我们已进入完全数字化时代，一切东西都被数字化和信息化，信息在整个战斗任务中扮演着极其重要的角色。"司空摘星"间谍运用信息化手段，突袭进入敌方网络体系，快速获取核心机密，既能用于大国博弈，让我们在信息大战中进攻矛头更锋利，防护盾牌更坚固，也可以用于日常执法，让不法分子无处遁形。

"二向箔"多维空间技术方队

现在向我们走过来的，是"二向箔"多维空间技术方队。这是一个神奇的方队，"二向箔"一词最开始出现在40年前中国科幻名匠刘慈欣的《三体》小说里，是一款威力奇特的宇宙规律武器。地球坐标暴露后，歌者文明发动了黑暗森林打击，向太阳系投掷了二向箔，最终导致绝大多数地球人和整个太阳系的灭亡。相当于扔了一张纸，这张纸让太阳系由一个立体变成了平面，这样的降维打击，曾经让所有科幻迷拍案称绝，也由此引发了人们的很多延伸想象，并将其应用在影视作品当中。

比如2019年红极一时的电影《哪吒之魔童降世》中有这么一个情节，哪吒被困在了一幅名为《山河社稷图》的画里，与普通的平面画不同，这幅画中自成一个精彩绝伦的立体世界，只要一入其中，任是大罗金仙，也只能待在画里，不得出来。

在8G时代的今天，我们已经能利用多维空间技术实现降维攻击和跨维作战，"二向箔"多维空间技术作战部队，可以进入宇宙任何一处敌人的纵深地带、要害目标附近，它们就像从天而降的雷霆一击，是宇宙联合作战部队体系中的利刃尖刀，也是破袭突击、出奇制胜的重要力量。

思想病毒方队

接下来我们看到的，是思想病毒方队，这个方队是首次代表我国军事生物领先技术出现在我们的阅兵式上。这一项科学技术，将战争推向了一个全新的高度，如今，围绕脑电波控制技术、会聚技术、仿生技术的发展与应用，基于军事生物科技的新型作战力量正阔步走上战争舞台。

我国有幸走在了这一领域的最前沿，这还要感激中国科幻名匠刘慈欣先生，他在40年前的《三体》里首次提到"思想钢印"。被思想钢印机器打了思想钢印的人，思维方式就被控制了，例如，对人类的未来充满乐观主义。

简单来说，在大脑神经元网络中，我们发现了思维做出判断的机制，并且能够对其产生决定性的影响。把人类思维做出判断的过程与计算机作一个类比：从外界输入数据，计算，给出结果。当某个信息进入大脑时，通过对神经元网络的某一部分施加影响，使大脑不经思维就做出判断，相信这个信息为真。

孙子兵法里强调，不战而屈人之兵，是战争的最高谋略和策略。如今，我们已经打造了这样一支思想病毒部队，从思维神经层面，了解敌人最深层的思想，进而说服敌人，达成共识，尽量避免战争和冲突的发生。这是第一个层面。第二个层面是向敌方植入思想病毒，让他变成我方的人，进而直接避免了战争的发生。

…………

在新中国成立100周年之际，坐在电视机前，或者各种智慧屏面前，又或者直接脑电波成像的我们，看到天安门广场，护旗手在雄壮的国歌声中护卫着鲜艳的五星红旗冉冉升起，回顾过去这段风云变幻、跌宕起伏的百年传奇，不禁热泪盈眶；看到祖国日益强盛、傲立于世，满怀骄傲与自豪。

未来学家的疯狂预言

通过100周年阅兵的一番畅想,我们似乎看到了一个高精尖产业云集与空前创新的未来,如果说这个脑洞开得有点大,那我们不妨回到2019年,看看当下的科学家脑洞到底有多大。

雷·库兹韦尔(Ray Kurzweil),奇点大学创始人兼校长、谷歌技术总监,毕业于麻省理工学院计算机专业,曾获9项名誉博士学位和2次总统荣誉奖。这个天赋极高、精力充沛的人认为,未来,计算机技术就会超越人类智能很多很多倍,那时"奇点"就会发生。

雷·库兹韦尔有几乎如"先知"一样的预测能力。比如他在1990年预言,到1998年,计算机将打败象棋冠军,结果,1997年,IBM的深蓝打败了加里·卡斯帕罗夫;再比如他在1999年预测,到2009年,人们将能通过说话对计算机下指令,而在2009年之前,自然语言界面(如苹果公司的Siri和Google Now)已经有了很大发展;又比如,2005年他曾预言,到2010年左右,虚拟解决方案将能够提供实时的语言翻译,外语能被实时翻译成你的母语,并用字幕的形式呈现在你的眼镜上,现在,微软(通过Skype Translate)、谷歌(Translate)等公司已经实现这一功能,并且还能做到更多,一个叫作Word Lens的App就能用你的相机找到文本图像并进行实时翻译。

连比尔·盖茨都说,雷·库兹韦尔是预测AI未来最准的人。

而他最著名的预言,是预言人类到2045年将获得永生。他认为,对抗衰老有三个办法：

一要靠医疗技术。他每天服用 100 片补充剂以维持身体活力，这些补充剂使他的年龄维持在 40 多岁，比他的实际年龄年轻 20 岁。二要靠生物科技革命。将身体作为软件重新编程，通过对基因和细胞的诊断、改造和治疗，让人们远离衰老造成的疾病。三要靠纳米技术革命。将纳米机器人与人体结合，这样就可以把抗癌药物精准投放到癌症病灶。目前，这项技术还处于动物实验阶段。

2019 年，雷·库兹韦尔已经 71 岁高龄，但他看起来比实际岁数要年轻不少。在他看来，自己各项生理指标都与 40 岁的人无异，奥妙就是他在自己身上做的那些实验探索。

也许雷·库兹韦尔的疯狂预言是一个失误，但今天科技的发展确实已超越了常人所拥有的想象。对于雷·库兹韦尔的预言，或许，我们更愿意相信那会成为未来的事实，那些疯狂的预言对未来总会有所启发。

VR：5G 的杀手级应用，会是 VR 和 AR 吗？

真作假时假亦真，假作真时真亦假。说到虚拟现实和增强现实，不得不说的就是 2019 年暑期大片《蜘蛛侠：英雄远征》，影片里蜘蛛侠和神秘客在伦敦桥的大战，神奇异常，震撼无比，让人完全分不清是庄周梦蝶还是蝶梦庄周。

随着 5G 时代的到来，很多人都在问，5G 时代的杀手级应用到底有哪些？个人认为，虚拟现实（VR）技术和增强现实（AR）技术领域很有机会。

就像影片《蜘蛛侠：英雄远征》里面展现的那样，5G 技术的革新，将为 VR、AR 技术展现更多的应用场景，不仅可以增强 VR、AR 现有的虚拟体验，还将真正发挥其在移动终端的优势，满足用户多样化的需求。

什么是 VR？

所谓 VR，就是虚拟和现实相互结合，利用现实生活中的数据，甚至是我们肉眼看不到的物质，让计算机生成一种模拟环境，通过三维模型表现出来。因为虚拟现实具有一切人类所拥有的感知功能，比如听觉、视觉、触觉、味觉、嗅觉等，加上超强的仿真系统，真正使用户身临其境，沉浸到该环境中。

VR 购物

比如我们这会正坐在自己家里的沙发上，戴上 VR 设备后，眼前看到的，却是一个北极的虚拟世界：头上顶着凛冽的寒风，脚下是厚厚的冰川，左手边是一大群肥硕却灵活的北极熊，右手边是几只调皮的海豹在玩耍。这样一个虚拟的北极世界，让你忍不住打了一个寒颤，以为真的置身于极地环境。

2018年,著名导演史蒂文·斯皮尔伯格推出了一部脑洞大开的科幻巨制电影《头号玩家》,瞬间刷爆朋友圈,豆瓣的高分也足以证明该作的成功。这部电影的故事背景设定在2045年,为了逃离混沌的现实世界,人们都沉浸在一款名为《绿洲》的游戏里。这里面涉及的应用包括VR、拟真跑步机、面部识别技术、体感内衣等。

因此,在VR技术的加持下,电影里的人可以通过各种各样的游戏,来体验多样的刺激人生和游乐项目。很多人正是因为虚拟的世界太过精彩,不愿意回到现实世界。虽然这个虚拟世界很吸引人,但要实现这样逼真的人机交互效果,还必须依赖于一定的头显辅助设备。

5G可以有效解决VR目前的四大难题

现实生活中,我们的VR体验还满足不了实际使用的体验要求,比如眼镜太笨重,这也是VR至今普及度并不高的关键原因。

简单来看,VR技术的普及至少存在4个需要攻克的难题:第一是VR设备太重,佩戴起来很麻烦。第二是交互体验太差。第三是一些相关的影像内容清晰度不够。第四是佩戴一段时间以后人脑会出现眩晕的不适感。导致这些问题出现的关键原因,在于4G网络的传输速度太慢。

VR一旦有了5G的加持以后,传输速度会极大提升,时延也会变短,这已经能很好地解决上述4个问题。因为VR的画质要求很高,在

4G网络下，因为传输速度慢，所以不得不降低画质；5G提速后，VR内容的画质将有质的飞跃。同时相关交互细节，也可以做得更为精细。重要的是，它可以把存储计算和显示设备分离开来，这样的话，VR辅助设备就可以变得更小更轻。

另外，倘佯在逼真度极高的VR环境中，为什么会出现眩晕的不适感？VR晕动症也成为虚拟现实技术普及进程中绕不开的一座大山。

VR晕动症分为视觉晕动症和模拟晕动症。前者主要是由于头显本身的刷新率、闪烁、陀螺仪等引起的高延迟问题导致的眩晕感，后者则是由于用户视觉上观察到的状态和身体的真实状态之间的不一致引发的。

那到底是头显设备的问题，还是我们人类本身的问题呢？可以肯定，是设备的问题。更高的技术手段可以让设备更适合人类，降低眩晕感。实际测试也进行了印证，头显设备越先进，带来的高度沉浸体验就越好，而沉浸感越好，大脑就会越相信自己身处现实之中。

目前，VR领域的研究者，都在致力于创造更好的虚拟现实交互方式，有专家曾说："人体的自然身体动作，才是好的虚拟现实交互方式。"

所以，我们可喜地看到，一旦5G时代到来，上述提到的VR技术四大难题都可以迎刃而解。

VR将应用于生活的方方面面

什么是AR？

与VR技术相伴相生的，还有一个AR，增强现实。在5G背景下，AR的发展前景如何呢？

AR技术，是一种将虚拟信息与真实世界巧妙融合的技术。广泛运用了多媒体、三维建模、实时跟踪及注册、智能交互、传感等多种技术手段。将计算机生成的文字、图像、三维模型、音乐、视频等虚拟信息模拟仿真后，应用到真实世界中，两种信息互为补充，从而实现对真实世界的"增强"。

在视觉化的增强现实中,用户需要在头盔显示器的基础上,促使真实世界能够和电脑图形之间重合在一起,在重合之后可以充分看到真实的世界围绕着它。

比如你这会正走在大街上,突然发现眼前出现了一个变形金刚,你会怀疑自己是不是穿越到了未来世界,因为眼前的变形金刚非常真实,动作和表情都栩栩如生。要实现这样的体验,还是需要配戴 AR 眼镜,变形金刚就是这个设备虚拟增强的观感。

近些年,苹果和谷歌相继加入 AR 战局,该技术的火热程度瞬间被拔高了一个层次。在数千万潜在用户面前,开发者也鼓起了干劲,准备为市场提供吸引力十足的沉浸式 AR 体验。那些我们在视频上见识过的神奇魔法,仿佛即将成真。但在成熟度上,AR 目前还面临三个难题:视场角、理解物体和自适应设计。可以确定的是,低时延、高速率、广连接的 5G 网络可以帮助 AR 更好地提高体验感。

AR 的神奇应用

比如,现在装修房子一般会请设计师到家里来勘测,设计师据此画出设计图,并按照这个设计图来进行装修。但看到最后的装修成果后,我们常常会很生气,因为设计图和现实装修效果存在较大偏差。但是未来有了 AR 眼镜,设计师就会为你进行个性化搭配,例如你想选择地中海风格，还是极简风格，还是巴洛克风格，戴上 AR 设备都能真切感受到。当你选定风格后，家里的沙发、椅子，包括墙壁，甚至纹理等细节都能清晰呈现，从而减少装修前后的偏差，这就是装修行业一个典型的 AR 应用场景。

同时，AR 也可以用来进行军事指挥。三国迷们都知道，三国后期有一个著名的将领叫邓艾，虽然口吃，但他从小表现出天赋异禀的将帅之才。放牛的时候，他能充分发挥想象，把眼下满山遍野的花草树木，当作战场并调兵遣将进行指挥。有了 AR 以后，普通人也可以做到，戴上 AR 眼镜，就可以将眼前的荒原瞬间转换为战争的现场。陆军该如何排兵布阵，火箭炮怎么发起攻击，空军该从什么地方轰炸，等等，都由你来指挥。这就是 AR 的战争指挥系统能够做到的体验。

5G 时代到来后，AR 和 VR 会出现更多的应用，其中电商购物被很多人所期待。

例如你这会可能正通过手机在淘宝、京东或者拼多多上选择一个商品，以前只有图片和短视频呈现，未来可以增加 VR 视频呈现。可以让人瞬间置身于大型商场，里面的衣服都是 720 度展现在你的面前。你可以看，也可以直接挑定以后进行试穿，你还能轻松地切换颜色。选定以后，直接眨下眼睛就能放到你的购物车，刷脸支付后就能快递到你的家里。

现在，当你走在路上，看到迎面走过来一个人，身上穿的衣服非常好看。你很喜欢，也想购买一件。你只能走过去问他在哪里买的，但你得提前做好准备，迎接尴尬，因为对方很有可能不会搭理你。但在未来，你完全可以通过一个 AR 眼镜，一扫描就可以看到关于这件衣服的所有信息，例如产地、材质、品牌、价格、购买渠道，你直接下单购买就可以了。

物流：5G让天下没有难送的快递

这个世界是虚拟世界和现实世界并行存在。读书时，我用现实的笔创作虚拟的小说人物故事；工作后，我用现实的计算机创作一个个虚拟体验的应用产品。人类一思考，上帝就发笑。我常在想，现实世界的我们是否也只是某个更高生命在虚拟世界创作的一行代码而已。回到主题，在传输方面，5G是虚拟世界的传送，物流是现实世界的传送。而5G和物流结合，将虚拟和现实两种截然不同的传输方式打穿并结合，必将产生不一样的化学反应。

在庆祝新中国成立70周年国庆大阅兵的群众游行队伍中，那些骑着电动车的"外卖小哥""快递小哥"，让很多人印象深刻。他们服务于各个快递公司、餐饮O2O公司，不管是炎炎烈日，还是狂风暴雨，他们都始终坚守在自己平凡的工作岗位上，每天在城市街头穿梭，他们是新时代的职业人群。向他们致敬。

互联网给我们的日常生活带来的最具颠覆性的改变，莫过于物流行业。依托"四通一达"、菜鸟网络、京东物流等建立起来的庞大物流体系，如今，无论是大闸蟹还是时令水果，都能以最快的速度、最新鲜的状态，送达天南海北的千家万户。要是搁在以前，这对于普通人是无法想象的，估计只能是皇家独享，有诗为证：一骑红尘妃子笑，无人知是荔枝来。

2018年我国社会物流总额已达到283万亿元，但社会物流总费用占GDP的比例高达14.8%，远远高于欧美发达国家10%以下的水平，这说明，我国虽然是物流大国，但还算不上物流强国，依然存在很大的优化空间。

5G的全面商用是新一代物流行业全面发展的一个重要契机，包括控制与转发分离技术、多元场景接入技术、移动边缘计算技术MECC、按需组网技术、大规模MIMO技术等，强化了5G的很多优势，包括接入更灵活，时延更低，业务拓展性更好等。

5G将加速智能物流的深度发展

而 5G 又是万物互联的开端，因此 5G 对于智慧物流将有着重要的促进作用。下面我们结合物流所涉及的场景，从车、路、货、场、人等角度，看看未来的物流体系将在数字化、智能化加速路上如何演进。

【车】车联网 + 无人驾驶

淘宝用户肯定对菜鸟裹裹的物流实时查询功能很熟悉，每一个订单，商家发货了没有，快递公司现在到了哪里，在手机上都能随时查看，包括它的物流线路是怎样的，什么时间到了哪个中转站，什么时候派件。这已然是 4G 时代下物流管理做得非常精准的公司了，但还无法做到精确定位物流车的实时位置，只是通过物流信息的变动来进行定位。也就是说，在两个中转站点之间，用户看到的动态是随机的，并不是实时刷新得到的。

车联网是 5G 在物流领域的重要赋能加速方向，也是万物互联的重要组成部分，只有让车与车、车与路、车与人、车与公众网络之间，形成实时的动态移动通信，才能实现大规模的无人驾驶承运车、智能挂车，车辆设预防性维保、车辆调度、动态实时可视化等日常运营做到真正地高效运转。

车在物流体系中，从流程与功能上可简单划分为三类：一类是长途运输车辆，不限于公路、铁路、航空等运输方式，主要完成跨区域、跨省份、跨城市的长途运输。二类是中转站运输车辆，完成各级营业部网点到集散中心的运输环节，以微面、微卡、轻卡等车型为主。三类是终端运输车辆,完成货物送达用户手中的最后一段距离,目前主要以电动三轮车、电动摩的为主。

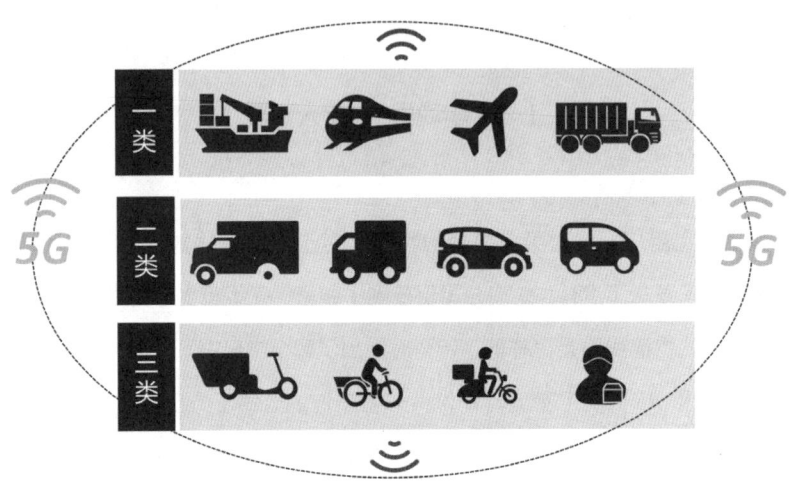

物流车辆亟须 5G 的网络武装

其中,长途运输车辆基于 GPS 定位,在联网与定位上已经做得比较成熟,但正如我们在文中提到的,中国的北斗卫星导航系统已经能为全球提供精度厘米级的定位服务,这又比 GPS 定位更进一步。而后两类车辆,特别是电动三轮车、电动摩的,目前还做不到精准定位,这就造成物流进入到最后一个环节时,常常因为快递员个人工作懈怠,或者某一个营业网点的管理异常而延误。

当前很多电商平台已经在尝试将物流承诺从"当日达""次日达"和"定日达"升级至"分钟达",包括盒马鲜生 30 分钟达、天猫超市 1 小时达、菜鸟"门店发货" 2 小时达、饿了么"30 分钟准时达 Plus",但毕竟覆盖范围有限。

5G网络普及后,可以解决车联网的连接深度和广度,以及安全、通信标准、体系结构等方面的问题。解决了这些问题,无人驾驶承运车、AI派件机器人或者无人机等,才有可能大范围实现商用。

目前国内的无人驾驶还处于测试阶段,包括百度以及G7旗下赢彻科技均取得相关许可证。国外方面,谷歌前创始成员之一、优步明星,安东尼·莱万多夫斯基,虽然近几年深陷"盗窃商业机密"丑闻中,但他创立的机器人卡车公司奥托(Otto),仍旧被物流行业广泛期待。

互联网普及近30年,只把一部分人和极少部分设备连接进网。下一个10年,将进入物联网时代,作为物流中的主要承载者,车辆联网势在必行,只有把海量的运输车、运输设备、数据等连接起来,才有可能实现真正的万物互联。

【路】道路网 + 信息网

这里的"路",是由物理层面的道路网和数据层面的信息网共同构成的智能交通网。

其中,道路网以传统的基础设施建设为核心目标,辅以AI、射频识别、传感等技术,为轨道交通上的每一根枕木、公路交通上的每一个信号灯,建立起数据武装。目前,我们国家拥有四通八达的海陆空立体交通网络,尽管基础设施建设已经十分完善,但整体运行效率还有很大的提升空间,尤其是5G到来以后,交通网络的信息化建设潜力将得到极大释放。

5G无线传输时代，我们的每一条道路、每一个信号灯、每一颗螺丝、每一个交通指挥中心，都可以互联互通、相互感知，不仅车辆之间直接通信，车辆行人之间直接通信，车辆与道路基础设施之间也可以互相通信，这才能支撑起无人驾驶的普及。

而信息网则是从智能运输、道路监控、道路养护、指挥调度、信息发布、紧急救援和应急指挥等多角度，综合利用5G通信、卫星定位、云计算、大数据等技术手段，提高道路网的整体运行效率。

道路网和信息网共同构建起智能交通系统。目前，日本在这方面应用较为广泛，其次在美国、欧洲等地区也普遍应用。中国的智能交通系统起步较晚，但发展迅速，在北京、上海、广州、深圳等大城市已经建设了先进的智能交通系统。以深圳为例，道路交通控制、公共交通指挥与调度、高速公路管理和紧急事件管理四大系统，已经在城市交通运输中得到越来越广泛的运用。

【货】追溯系统 + 精准定位

2019年5月京东快递悄悄上线了一项新服务：鸡毛信功能。快递员会在启用了鸡毛信功能的包裹中，加入基于IoT技术的传感器，这个传感器会向服务器发送包裹所在的位置，也就能通过京东快递小程序看到包裹的动态。

现有的物流追踪设备具有延迟性,这给货物带来安全隐患,而且物流企业和 C 端用户对于这方面的需求还是挺大的。比如我们通过电商平台购买了一块超十万元的名牌手表,因为金额大,体积小,就很担心物流途中丢失或者损坏,所以等待快递的过程中十分焦灼不安。

目前,市面上类似京东"鸡毛信"的技术还是应用得比较少,所以,京东快递的此项业务也属于增值服务,至少现阶段,用户还得在原本的快递费用之上另外付费来使用。京东还给"鸡毛信"加了额外的保障,让它看起来更符合定价,比如说,有专门的安全快递箱,支持防水防撞,并且配有远程控制智能电子锁防止丢失等。

而 5G 的运用将在深度覆盖、低功耗和低成本等方面显露优势,5G 超密集组网与北斗的厘米级定位结合,辅以 AI 和大数据的分析帮助,实时进行监控、计算、分析和预警,提高货物的定位与追踪效率、精准度,从而帮助物流企业最大化节约成本。

同时,随着在线购物的增多,要连接分布广泛的已售出商品并全程跟踪追溯,也需要低功耗、低成本和广覆盖的网络,企业内部或企业之间的横向集成也需要无所不在的网络,5G 网络能很好地满足这类需求。

【场】智能仓储 + 自动分拣

物流中的"场",主要是指中转站、物流园区、仓库。随着人口红利的逐渐消退,用人成本不断提升,传统物流体系寻求改革,智能仓储优势凸显，自动分拣、仓储无人化将是大势所趋。

在传统制造业中，海尔的零库存作为一个成功范例被广泛讨论和引用；在电子商务与物流产业，自动化物流系统已经处于一个充分竞争的状态，5G 的助力，无疑将加速这样的竞争态势。

从硬件上来说，包括自动化立体库、自动分拣机器人、自动输送与转运设备、无人搬运车、机械手、蜘蛛手等应用越来越广泛；从软件上来说，结合大数据、云计算、AI、深度学习、物联网、机器视觉等技术的处理系统越来越多，比如自动输送、自动存储、自动分拣等。

那么 5G 是如何在"场"内赋能物流体系的提质增效呢？以各类仓储机器人或自动化系统为例，传统的机械版机器人装备已经无法满足制造、仓储、电商用户的需求，由于海量设备的接入与互联，机器人需要处理的数据量越来越大，系统对它的运算机制要求也越来越高，因此，基于 5G 高速通信网络的云化机器人，就可以通过网络连接到云端控制中心，再以超高计算能力平台，对智能仓储与物流管理流程进行实时运算控制，如此一来，就可以提高中转效率，降低仓储成本。

【人】系统架构师 + 价值重构

在万物互联的 5G 时代，许多连接发生在车、路、物、场当中，依托各种 AI 技术和无人驾驶、无人机等应用，从前端的货物打包，到中端的运输、分拣，再到末端的配送，需要人工参与的部分越来越少。

未来，人在物流体系中的价值体现在哪里呢？智能化应用释放了人的双手，最终目的是要让人去从事更有创造力的活动，比如搭建并完善整个智能物流体系，比如远程调度，等等。而凭借 5G 无与伦比的优势，物流的准时和自动化交付将变得更可靠，社会效益的综合水平也会得到整体提升。

以无人配送为例，快递配送机器人自身配备了大量的传感器，但在 4G 网络下，配送机器人在计算、视觉、驱动等关键技术上还存在诸多瓶颈。而 5G 基站的信号辐射范围相比 4G 更加立体，能够对 300 米以下的空域进行全覆盖。加上 5G 大带宽承载能力，能够保障海量数据的传输，让强大的机器视觉能力变得像人眼一样方便，尤其是抗干扰特性能够让高楼密集、电磁环境复杂的城市场景不再是飞行禁区。

此外，在最后一公里的配送上，人或被赋予更多元化的立体角色。为什么这么说？以前在偏远的村镇，电商落地并不顺畅，物流配送往往只能到达集镇，收件人只能去四五公里外的集镇自取，包括苏宁易购、京东物流等大型家电平台，甚至都没有覆盖镇一级。

2019 年国庆假期，我回到老家湖南，在长株潭一带的农村地区，看到多辆苏宁易购的中型货车在村间小路穿梭，驾驶室是穿着橙色制服的工作人员，跟我们在城市看到的一样。更惊喜的发现在于，以兴盛优选、考拉精选为代表的一大批社区电商已经下沉到乡村的各个角落，覆盖面之广、服务效率之高、用户群之广，令人惊叹。蔬菜水果、肉禽水产、米面粮油等日用百货，即使是远离集镇 5 公里的村民，通过微信小程序下单，当天即可快速送达家里，而且价格还比普通商业超市便宜。

农村社区电商已经遍布村落

他们为什么可以做到这么高效的配送？因为商家把散落在各村各组的小商户发展成自己的物流下线，小商户在承揽自己日常经营业务的同时，也从兴盛优选、考拉精选等平台接单，因为有平台返利，所以商家愿意送货上门，一来有利可图，二来配送范围很近，都是非常熟悉的乡邻甚至亲戚，通常几百米或者几里路，摩托车几分钟就送到了。

那么问题来了，货从哪里来？据说，平台每天都会有货车来各村各组的小商户网点进行货物补给，这一方面是确保蔬菜水果和肉禽水产的新鲜度，另一方面也能丰富品类，提高村民下单率。在这过程中，平台基于整体大数据进行的品类分析、库存管理、返利机制想必是关键所在。不得不承认，物流覆盖如此下沉，效率如此之高，简直是村民的福音。

不过这也反向抑制了本地小商户的原有生意，比如，我有位亲戚，在镇上做面条生意几十年，有很多忠实的老顾客，但随着这些社区电商的崛起，加上他的品类仅限于面条和面粉，所以生意越来越难做。为了生活，他也不得不接入这类平台，成为他们的物流配送商户。现在，他店铺里，除了原有的面条面粉外，也摆放了很多日用百货，方便随时处理线上订单需求。

可见，随着现代物流的发展，人的价值或面临更大程度的重构，甚至是颠覆。5G 到来，对于企业来说，所有流程将全面进入科技化时代；对于物流从业者来说，作业数据、诚信数据、服务数据，都将面临全面监管与互联互通；对于消费者来说，信息透明度变得更强，物流的高效率带来的生活便利程度会更高，而角色定义也许会被重构，消费者可以是物流受益者，也可以是物流参与者。

我们期待，5G 网络接入海量物流设备后，AI 系统将带来丰富的数据资源，物流迎来数万亿数据连接的世界，开启万物互联的智能物流新时代，让天下没有难送的快递。

汽车：5G 无人驾驶，智能的路，智慧的车

在一众美国大片中，《速度与激情》系列电影是很多人必看的佳作。疯狂飙车，激情舞步，热血搏斗，电影里除了这些震撼的场面一波接一波之外，里面的各种黑科技也令人目不暇接。例如，《速度与激情8》中的一个镜头就让很多人大呼过瘾。

影片中，聪明又美丽的大反派查理兹·塞隆是个顶级黑客，为了追杀俄国国防部部长，她入侵了汽车的无人驾驶系统，使得整个城市成千上万辆无人驾驶汽车在街头追逐和拦截，甚至有些停在楼上的车子都被她指挥着从天而降参与拦截行动，这个镜头给人带来无比震撼。

回到当下，中国经过40年的改革开放，经济取得了很大发展，也带来了两个现象：

第一个现象就是城市人口的聚集。截至目前，人口超过500万的城市有88个。第二个现象就是中产阶级的崛起，每一个中产阶级家里基本上都有1~2辆汽车。这两个现象也带来了三大问题，分别是交通拥堵、

停车难、环境污染,这三大问题到底该如何解决?

有人想到了无人驾驶,其实最好是新能源共享的无人驾驶汽车。现在的共享汽车已经初具雏形,当我们需要用车的时候,拿出手机,打开滴滴出行或者曹操出行就可以叫来一辆车,把我们送到我们想去的任何地方,体验还是不错的。

全球无人驾驶的 4 家头部企业

讲到无人驾驶,现在全球无人驾驶的头部企业有 4 家,分别是谷歌(Google)、特斯拉(Tesla)、优步(Uber)、百度。

谷歌从 2009 年开始做无人驾驶,到现在已经有十年时间。它不仅是做得最早的,目前它的技术也是最为领先的。它有两个指标遥遥领先于全球其他企业:第一是无人驾驶的总里程数,已经早就超过了 1600 万公里;第二是无人驾驶无须人为干预单次行驶的里程数,早就突破了 8000 公里。这两个指标都是遥遥领先于优步和特斯拉的。

谷歌虽然技术领先,但一直为人诟病,特别被投资人所诟病的,就是商业化进程太慢。2016 年谷歌将无人驾驶部门独立出来,成立了一家新的公司——Waymo。Waymo 独立后,加快了商业化运作进程,而且拿到了美国完全无人驾驶上路的牌照。现在人们在美国的亚利桑那州凤凰城,打开一个 App 进行预约,就能体验到谷歌无人驾驶汽车,据说体验还是非常不错的。现在 Waymo 的估值已经早就突破 1700 万美元,市值上紧随其后的是特斯拉和优步。但 Waymo 的估值比滴滴和优步加起来还要高，可见投资者对于谷歌未来无人驾驶业务的看好。

如果说谷歌相对保守，那么特斯拉就相对激进。2014 年，特斯拉在自己的汽车上加装了辅助驾驶系统，也就是 ADAS 系统，用户就可以在特斯拉汽车上体验到相关的一些辅助驾驶技术，例如自动停车、定速巡航和自动跟车等。有了这些技术，在高速公路和城市快速公路上，基本上就可以完全实现无人驾驶，而且体验非常棒。

与特斯拉相比，优步更为激进。为了发展无人驾驶，优步有几个战略：第一是把卡内基梅隆大学的一个团队直接请过来，负责优步的无人驾驶技术开发。第二是在全美投放了 44 辆无人驾驶的士，让用户来体验。优步的激进后来也带来了一系列的问题，2018 年 5 月，当时一辆无人驾驶状态行驶的优步汽车，失控后撞到了路边，导致一人死亡，这也算是人类历史上第一个真正意义上的无人驾驶车祸致死事件，让优步的无人驾驶业务雪上加霜。

讲到百度，很多人就会想到 2017 年陆奇和李彦宏一起导演的那一出戏。7 月 5 日，百度 AI 开发者大会现场，正在对 Apollo 计划进行介绍的陆奇突然将镜头切至场外。原来百度创始人李彦宏正在驾驶一辆百度自己开发、基于 Apollo 技术的自动驾驶汽车。视频中，李彦宏坐在一辆红色汽车的副驾驶座位上，视频中驾驶座位没有驾驶员。李彦宏称自己刚刚上五环，正在前往会场的路上，"车处在自动驾驶的状态"，整段视频长约 1 分钟。这件事很快传遍了网络，也引发了一波无人驾驶的舆论热潮。很多人因此认识到，百度在这一领域的投入成果。而且，百度已经拿到了国内无人驾驶牌照，也在很多地方展开试点，被社会各界广泛看好。

单车视角制约了无人驾驶的快速发展

虽然这 4 家企业的技术都比较领先，但也存在一个很明显的问题，那就是无人驾驶目前的单车视角，所谓的单车视角就是无人驾驶车辆，只能够通过自己的视角来感知周边的环境，这会存在一定的安全隐患。

目前无人驾驶的技术原理分为三步，分别是感知、决策、控制。

车联网的构成

现在的无人驾驶一般是通过外部激光雷达和摄像头来感知周边环境，从而生成 720 度的视觉图像，传输给汽车的中控系统，结合高清地图来进行驾驶决策，从而来控制车辆的起步、前进和停止，这是它决策的原理。

那么,单车视角的安全隐患是如何产生的呢?打个比方,现在有一辆无人驾驶汽车正在路上行驶,它来到了一个十字路口,可是前面有一辆大货车挡住了视线,完全看不到交通信号灯,这辆车便进入盲区,无法决策,也无法进行下一步操作。

5G 的车路协同,让路变智能,车变智慧

5G 技术成熟并应用后,车路智能协同管理系统,将会极大提升目前这一场景的体验。由于 5G 具有高速度、广连接、低时延的特点,在驾驶应用中,会让车与车、车与物、车与信号灯、车与人产生实时连接。当无人驾驶车辆视角被其他车辆遮挡的时候,可以通过 5G 网络把交通信号及时传输给汽车。这个信号包括信号灯的实时状况、位置、车距等,而且,这些信号都可以双向传输。这样一来,无人驾驶车辆就能继续完成它的驾驶决策。由于汽车与周边车辆之间也是实时互联的,也不用担心交通拥堵甚至交通事故。因此,在 5G 背景下的车路智能协同管理系统,将有效解决目前无人驾驶领域存在的应用难题。

2018 年 10 月 28 日,重庆万州长江二桥公交车上,一名乘客与司机激烈争执互殴导致车辆失控。公交车与小轿车发生碰撞后,坠入江中,事故造成 15 人死亡。这是一起严重的交通事故,影响也很恶劣。试想一下,在 5G 时代,这场事故或许就不会出现了。为什么?

5G 下的车路协同

第一,因为在 5G 车路智能协同管理系统内,车辆是自动驾驶的,不需要司机,司机的驾驶决策也不会受到现场乘客的干预。

第二,就算是由驾驶员在驾驶,也会有高清摄像头实时监控司机与乘客行为。一旦出现安全隐患,车辆控制系统会自动接管车辆驾驶权,及时扭转危急。

第三,即便车辆出现了问题,周围其他车辆的传感器也会关联并感知到这辆问题车辆的异常情况,及时做出避让决策,甚至接管这辆问题车辆的控制权。

第四,假如出现了最糟糕的情况,就是车辆已经冲出了桥面。我们可以设想下,如果这辆车足够智能的话,那么车辆自己可以迅速启动自救模式。比如，车顶上隐藏的降落伞装置，会类似安全气囊一样打开，减缓车辆下落的速度，减少车辆耗损和人员伤亡。又或者，快到水面后，车盘底部隐藏的浮力装置会及时撑开，让车变成了船，将车辆和乘客安全送达岸边。

现在看来，这种设想或许是天方夜谭，但其实 5G 并不是孤立存在的，它是底层基础技术，不仅能带来连接和高速传输，更重要的是，将激发物联网、AI 等延展技术的深度发展与应用。

我们不妨畅想一下 5G 时代的无人驾驶体验场景：每天早上共享无人汽车会按照预定时间准时抵达你的家门口，你上车后，它会选择最快速的路线，将你送到学校或者公司。同时，车辆会与你的个人账户进行自动结算。那时，已经出现城市的交通大脑，它会对每辆车的路线进行自动规划，车与车之间、车与人之间，都是非常安全的。当车辆完成一天的行驶任务后，它就会自动开到休息站，充电，消毒，自动清扫，等等。

怎么样，这样真正智能化的交通场景，是不是非常期待呢！

5G 和 AI 时代到来后，无人驾驶必然大量普及，但大家也有一个担心的问题：要是有一天，我的车子也被黑客入侵了要怎么办？就算不被入侵，AI 自我觉醒了怎么办？要知道人类只能赋予 AI 目的，却完全无法掌握其为实现该目的所使用的手段，而手段是无穷的，也就是说 AI 很可能为达目的不择手段。

AI 无人驾驶技术应用场景

这个问题,说实话,没有标准答案,当下无解,就暂且留下当作我们对未来的探寻和思考吧。

汽车：5G 时代，个人定制汽车将成为现实

十几年前，我刚到深圳，有一位朋友喜欢收藏车。

他对车的收藏一度达到了痴迷的状态，家里车库里停满了各种豪车，玛莎拉蒂、保时捷、奔驰、宝马，等等。但他常念叨：就算寻遍全世界把他喜欢的车都收藏起来，却没有一款车是由他自己亲自设计，只属于他一人独有的。因此，他一直想为自己定制一辆汽车。于是他找遍国内外各种汽车制造商，不惜一切代价寻求实现路径。

后来，像玛莎拉蒂、法拉利、奔驰也陆续推出了高级定制款轿车，但只可惜，成本高昂不说，还是特权限售，仅少数贵族方可驾驭。而所谓的高级定制，也只停留在汽车内饰、座椅定制等层面。

5G 时代到来后，随之而来的 AI 浪潮、数字技术变革、工业互联网崛起，让个性化的汽车定制正在走向普罗大众。

汽车"私人定制"成为一种趋势

以前,品位是"稀缺品",无形胜有形,讲求腹有诗书气自华。

现在,品位是一个个产品,是你的手机、你的房子、你的车子,你享受的音乐、吃过的美食,还有你走过的世界。最好的情况是,这些产品还是为你量身定做、独家定制的。

于是近几年,在汽车市场,定制化渐渐成为不少新车的卖点。外观内饰配色、轮毂尺寸、车标摆放、有无行李架等,都可作为购车备选项目,由消费者自由选择。在这个追求个性化的时代,汽车"私人定制"甚至成为一种发展趋势。

以前熟知的定制汽车品牌是劳斯莱斯、宝马、悍马、法拉利、奔驰等,合资品牌和国内自主品牌很少推出定制版车型,其品牌定位决定了其服务对象和产品价值。当然,受市场需求变化的影响,尤其是中产阶级消费阶层的崛起,合资品牌和国内自主品牌也渐渐开始打造定制汽车,比如广汽新能源等。

定制汽车,如何实现?

定制汽车,以往只是贵族的专利,那些顶着"全球仅此一辆"头衔的汽车,顿时觉得别人的生活离平凡的世界好远。但对于汽车这样的特殊的大件商品,要实现普遍的定制化生产,毫无疑问是一种颠覆式的创新,它究竟要如何实现呢?

仅仅在 100 多年前,汽车还只是马戏团里令人激动不已的怪物,而今天已有近十亿辆汽车在各地的公路上奔驰着,数千万人在利用汽车谋生。现在汽车产业已经非常成熟,以美国和欧洲,特别是德国为代表的一大批汽车企业,它们的生产模式已经非常固定。一般是先做用户调研,然后设计,再交给研发人员给出具体实现方案,最后交给工厂统一制造,批量出口,通过各大 4S 店和经销商,卖给用户。

这样的汽车以满足大众需求为主,在全球工业化时代,集约型、规模化生产满足了需求的井喷式增长。但未来,为了帮你定制,汽车制造商将不得不做出很多改变。

首先,走 C2B 模式是必需的。C2B 模式是对传统工业时代 B2C 模式的颠覆,虽然看起来只是颠倒了顺序,但牵涉到的有 AI、互联网、大数据等新兴技术。C 端就是客户端,选配过程前置,决定买车之前你就可以选配,甚至根据选配再决定这款车是不是你的 dream car(梦想汽车)。

既然要个性化定制一辆汽车,我们也要了解一下汽车的大概构成。它大概由四部分构成:发动机、底盘、外在设备、电子及相关产品。一辆汽车有上万个零部件,要实现个性化定制,对工厂的挑战其实是非常大的。

一旦 5G 到来,AI 等技术应用成熟,围绕个性化汽车定制的广泛需求,或将重塑整个汽车的生产链条和生产模式。以后的汽车生产流程将会是这样的:个人用户提出需求,给到一些类似汽车设计公司的中间平台商,由他们来设计并报价,跟用户确认方案后,再下单给后端的生产厂家。

定制汽车涉及的必要性技术

5G+AI 加速汽车定制的应用落地

这里面其实就涉及很多 5G 和 AI 的相关技术。第一,在设计环节,利用数字孪生技术、3D 建模、VR 虚拟现实,让用户在设计环节真切感知定制汽车。

C 端个人用户也许只有一些大的需求概念,具体到车子的实际细节,包括功能实现路径、外形构造与材质等,用户本身也许并没有明确的概念。接到需求后,汽车设计公司就会根据这些概念,设计出来一个数字孪生的产品，利用 3D 建模与 VR 虚拟现实技术，让用户进入虚拟的车厢试驾感受一下，是不是他想要的。就像我们装修房子，墙壁颜色、设计风格、家具款式等，虚拟现实都要可视化地呈现在用户面前，用户才能真切感知到未来家的样子。

数字孪生是近几年兴起的非常前沿的新技术，简单说就是利用物理模型，使用传感器获取数据的仿真过程，在虚拟空间中完成映射，以反映相对应的实体的全生命周期过程。它不仅让我们看到产品外部的变化，更重要的是可以看到产品内部的每一个零部件的工作状态。

而 3D 建模通过三维制作软件和虚拟三维空间构建出具有三维数据的模型，目前已经被广泛应用于广告设计、家装设计、建筑等领域。运用在汽车设计中，我们可以看到汽车在运行过程中，发动机内部的每一个零部件、线路、各种接头的每一个数字化的变化，从而可以对产品进行预防性维护。

之后，运用云计算和边缘计算，汽车中间商可基于高速广泛连接的 5G 网络，更快速、更全面地调取工业数据，搭建定制需求的个性化方案。因为未来的定制需求非常多，相关的数据库会越来越大，包括各个零配件信息、仓储物流信息、配套金融信息等，信息处理能力在汽车这样大型的工业制造领域会非常重要。

最后，中间平台商做好设计要求后，如何衔接下一步？汽车制造工厂那么多，该找哪一家呢？如果客人定制的是宝马汽车，那宝马汽车的制造工厂理应接单处理；如果客人定制的不是任何一家品牌的汽车，怎么办呢？这个时候，中间平台商就可以发挥运营中台的价值，将需求共享给多个工厂，谁愿意以合适的价格、合适的时间，实现这些定制需求，综合评估后最终敲定一个生产工厂。也就是说，掌握了大量产业链资源和数据，既能服务 C 端用户，又能连接 B 端工厂的中间平台商，未来会拥有很大的市场话语权。

假如现在宝马旗下的某一个汽车生产工厂接下了这个定制订单，但实际上，这种生产模式，跟它原来相比，变化非常大。第一，会颠覆它现有的生产模式；第二，对它的管理和工艺要求也更高、更精细。

那么，这就需要制造工厂提高智慧化生产能力、柔性生产能力。以前如果有零部件报废，还能寻求其他零部件来替换，但未来不一样了，每一辆汽车甚至每一个零部件，都是独一无二的，如何确保整车的安全生产和有效监控呢？

针对每一个零部件进行严密的监控，实现全流程溯源，十分必要。一方面，在零部件上面加装传感器和芯片；另一方面，对于宝马来说，它在生产这个订单的同时，也在同步处理其他很多订单，所以它需要同步对上万辆汽车的生产流程进行管理，这需要超强的 AI 大脑来掌控。

这个 AI 大脑不仅要打通工厂 OA、ERP、进销存系统、供应链系统等数据，每一项数据要及时呈现和快速调取，还要实现智能分析和可视化管理。同时，对每一辆汽车的生产全过程进行数字化管理与监测，以便及时发现问题，解决问题。

这其中，需要用到三个方面的能力：第一个是 5G 的连接能力，尤其是5G在大带宽、广连接、低时延方面的特点和优势。第二个是边缘计算、云计算等计算能力，去有效地承载海量生产性数据，尤其在零部件数据计算方面，边缘计算由于更靠近数据生成的设备端，更擅长处理小数据，减少了中间传输的过程，数据处理的速度也更快，网络传输压力更小，成本也更低。如此一来，应用程序的效率也会大大提升。第三个是AI在图像处理、智能识别、智能控制等方面的能力。

与宝马这样的制造工厂对比，迪士尼的做法也同样值得借鉴。例如迪士尼在新建一个基地的时候，每一个产品在最终成型之前，都会在同一个地方同步摆出一个一模一样的模型，在直观的对比之下，来修正并最终确认成品效果，这样可以确保产品的高可靠性。

未来，不管是通过3D打印，还是在虚拟场景之间，越来越多的产品和项目，在成为一个真正高可用性的产品和项目之前，可能都会走迪士尼这样的道路。同时，利用5G和AI、边缘计算等技术，做到全流程的数字化管控，满足用户更多元的定制需求，或越来越普遍。

未来5～10年，我们或许就能在大街小巷看到各式各样的汽车，不仅有宝马、奔驰，还有很多个性鲜明，甚至标注个人姓名和头像LOGO（标志）的汽车。那时候，如果有一辆类似敞篷式拖拉机的高级轿车，缓缓驶过你的跟前，不要诧异，车上那个人也许就是我。

汽车深度定制，中国已然先行

选择外观、内饰、配置、车身颜色，这样的汽车定制服务，行业内不是无人涉猎。但能真正实现深度定制，提供给消费者充分配置选择，甚至能让消费者参与前期设计制造的，寥寥无几。

广汽新能源是其中的佼佼者，它于 2018 年 11 月广州车展正式推出的 App，能让消费者打造一辆个性化的专属爱车。

Aion S 是广汽新能源基于第二代纯电专属平台打造的首款战略车型，也是全球首款超长续航、AI、纯电定制座驾。官方透露，该车超过了一些传统燃油车，还能实现 L4 级自动驾驶示范运行，可以代客泊车及自动接送，在限定区域启用无人驾驶等技术。AI 让这款车带着"智能"的特质。一切操作都只需要在 App 里进行，毫不费力地解决个性化定制购车的诸多难题。在此之前，还没有哪家能将汽车定制做到这个程度。在决定后，你还可以查看定制进度，了解车的制作过程，亲眼见证它的诞生。

用户定制的数据及时反馈到后端指导生产，一直以来都是定制车的一大难点，汽车制造业很难有真正定制化，这个因素占据了大半。这也是为什么 C2B 模式在汽车制造业具有挑战性的一个原因。广汽新能源能做到如此，一方面是与车主建立沟通机制，消费者在 App 上的定制数据，实时传回新工厂，形成了一个闭环；另一方面是生产的柔性化也让它顺利开启 AI 汽车定制化新纪元。广汽新能源于 2017 年 9 月开始建设新工厂，靠谱的新工厂和 App 结合，让定制化批量生产成为可能。

广汽新能源汽车定制 App

广汽新能源开辟了一种大众化定制的新方式,让汽车定制的门槛降低,每个人都能定制到喜爱的车。无论从消费者心理还是汽车行业发展、节能环保来说,都是多方获益的举动。

车子的前进,都是我的力量

《伊索寓言》里有一篇关于苍蝇和拉车的骡子的对话。一只苍蝇叮在四轮车的车轴上,对拉车的骡子说:"你为什么走得这么慢!干嘛不跑快一点?看来需要我来叮咬你的颈部了。"骡子说:"我不怕你的恐吓,我只注意坐在你上面的那个人,他会用鞭子使我加快步伐,用缰绳拉我的头调整方向。你快滚开些吧,别再啰唆了,我非常清楚什么时候该快,什么时候该慢。"

对此,钱锺书老先生曾经在《写在人生边上》中提到,他相信进步的人，显然并不像寓言里所说的苍蝇，坐在车轮的轴心上，嗡嗡地叫道："车子的前进，都是我的力量。"

作为现代人，我们都愿意相信进步，更乐于看到科技的力量给我们生活带来的点滴改变，5G时代的到来，让个人定制汽车从精英阶层走向普罗大众，历史的车轮正在滚滚向前，推动着我们进入一个全新的消费时代。

零售：5G 和新零售的结合，将极大提升用户的线下体验

讲到零售业，大家都说人、货、场。

我个人认为，人永远是第一位的。所以，站在以人为研究对象的角度去思考这个问题，新零售的三个角色应该是：商场、商家和顾客。从目前来看，这三者之间的关系并不是共荣共生，甚至是互相对立。在货币去杠杆、消费升级、人口红利不再和贸易战的背景下，商场、商家和顾客面临的压力和挑战都不小。

先来看商场：运营成本高，包括拿地和整体运营的成本；收入来源单一，基本上完全依赖租金模式；缺乏用户数据分析，例如顾客的消费数据、顾客的画像数据、商家和顾客的交互数据等。其次看商家：租金压力大，很多顾客只看不买，进货和物流的成本越来越高。最后看顾客：觉得商场东西又贵，还找不到好产品，对商家的体验和服务也不满意。

我们总结发现，目前的有些商场本质上可能只是一个放大版的菜市

场：商场、商家、顾客都不满意，商场没有好收益，商家苦于租金太高，顾客由于体验和购买不到好的产品和服务甚至不太愿意多去商场，这才是新零售要解决的核心问题。

什么是新零售？按照标准的解释：所谓新零售，即个人、企业以互联网为依托，通过运用大数据、AI 等先进技术手段并运用心理学知识，对商品的生产、流通与销售过程进行升级改造，进而重塑业态结构与生态圈，并对线上服务、线下体验以及现代物流进行深度融合的零售新模式。

我认为，新零售可以简单视为用一些新技术对现有零售产业进行提升改造和赋能。

线下做到极致，也可以对线上进行逆袭

最近十年的互联网发展，对线下实体经济带来了很大的冲击，线下零售产业面对线上冲击，经常会说"狼来了"。我认为，如果线下做到了极致，其实并不需要太过担心，这里就有一个非常典型的案例——步步高的 OPPO、vivo 对小米的逆袭。

在我看来，整个移动互联网的发展，都应该要特别感谢雷军，感谢小米。正是因为雷军将便宜好用的小米智能手机快速普及，才使得移动互联网在中国的发展驶上了快车道，雷军相当于为移动互联网的发展搭建了硬件基础。

小米的成功从2012年开始，当年雷军在互联网渠道推出小米手机，采用饥饿营销的方式，让小米快速风靡全国，用罗振宇的话来说，就是"烈火烹油，繁花似锦"！当时市面上的智能手机价位普遍在4000～7000元，包括苹果手机、三星手机等，但小米却用2000～3000元的价格，基本实现了当时与其他智能手机相当的体验，包括功能和配置等。

当然，小米的体验虽然比不上苹果，但是却能够让普通用户低门槛拥有一款相对比较高配置的智能手机，在预售中就引发无数"米粉"争分夺秒地抢购。也就是说，你需要提前预订，并支付费用后，小米公司到了约定时间才能给你发货。在不看真机的情况下付款购买，在当年真是个有点疯狂的行为，也正因为如此，恰恰反映了小米手机在产品体验和营销模式上的创新，赢得了市场的极大支持。

同时期，步步高公司旗下的OPPO、vivo等手机品牌也快速跟进，但跟小米的互联网玩法不同，OPPO、vivo基本上都是线下销售，但线下渠道搭建和运营成本显然要高于小米，产品售价又不能太高，如何跟小米抗衡呢？

首先，OPPO、vivo通过电视台热门综艺，大量投入电视广告，包括冠名、赞助等各种方式，当时，不管是《爸爸去哪儿》还是《中国好声音》等热门综艺，观众打开电视，基本上都能看到OPPO、vivo的产品形象和广告宣传。

同时，OPPO、vivo在高流量商圈大量开设线下体验店。当时手机的常用功能，除了打电话就是拍照了，OPPO、vivo抓准了这一机会，将手机定位为拍照手机，在宣传中着重包装推广拍照功能。而要感知拍照功能的好坏，体验真机是最直接的，于是吸引很多消费者到线下体验店一探究竟，包括它的手感、画质、成像效果、特效、模式切换等。再加上现场销售人员的专业解说与组合营销手段，让OPPO、vivo的线下体验店创造了惊人的流量和销量。

正是采用这套与小米截然相反的营销路数，OPPO、vivo在手机界闯出了一条属于自己的路，并在过去的几年中，基本上都处于中国智能手机市场的2~4名，也算是实现了对小米的逆袭。

因为OPPO和vivo都属于步步高旗下，所以如果把两家加起来，在过去的几年中，步步高才是中国智能手机销量的第一名。

新零售的强体验感是线上无法取代的

当然，零售其实还有一个非常重要的特点，就是它的体验感非常强。以我个人的切身感受为例，某天我去我们家附近的海雅百货，计划买件衬衣。到现场后，我快速挑选了一件试穿，店员建议我搭配一条裤子能更好地看出这件衬衣的着装效果，于是我试穿了一套。结果发现裤子上身效果也很好，店员又给我推荐了一款鞋子，让我试一下，搭配好之后，发现一整套都不错。店员一个劲地夸好看，我也挺开心，本来只是想买一件衬衣，结果我大包小包拎了一大袋回家。因为在线下体验的过程中，无论是身体还是心灵上获得的体验感是完全不一样的。

由于工作忙,鲜有时间逛街逛商场,我就自然而然成了京东的忠实用户,因为京东能非常方便地解决我的购物需求。大到手表、电脑,小到各类图书和日常用品,能网购的一般就不去商场。但衣服和鞋子,我必然会去商场,必须要真真切切穿在身上,感受它的材质和细节,确定合身才会购买。这恰恰也是线上的平台和渠道无法给到用户的独特体验。

长沙 IFS 调研考察记

长沙有很多 Shopping Mall(购物广场),但真正谈得上优质的,不过长沙 IFS(平价消费)、悦方 ID Mall 罢了。目前国内的主要城市,优秀的商业地产项目,有那么一两个,就很不容易。2019 年的国庆我回家探亲,顺道去考察了长沙 IFS,为它的格调和优质服务点赞。

长沙 IFS

IFS 的经典之作是香港海港城，2018 年销售额是 370 亿港币，利润 96 亿港币。成都 IFS2018 年销售额是 51 亿元。长沙 IFS 2018 年五一开业，是九龙仓 2011 年以 56 亿元的价格从对手恒隆、华润、中建等手中拿下来的，成交楼面价约为 8000 元/平方米，建筑面积 100 万平方米，容积率 13.4，由一个 24 万平方米的商场和两栋甲级写字楼组成，其中一栋高 452 米，目前是湖南最高楼。

长沙 IFS 一开始就和成都不一样，消费不是完全定位高端，而是尽量服务中端，毕竟湖南的高端消费者很多都面朝深圳、香港，但长沙 IFS 的格调和服务却绝对高端大气上档次，从爱马仕、普拉达等高端消费到茶颜悦色等平价消费一应俱全。

长沙 IFS 在黄兴街上，地理位置优越，设计独特，跨层电梯，空中花园，车可以直接开上四楼酒店门口，各种舒适的配套：例如帅气的门童开门，设置有大量休闲椅子，冷气很足，洗手间非常干净整洁，母婴室设施齐全，且内部质感很好。

长沙 IFS 的公众号也做得很不错，将商场地图、寻找车辆、停车缴费、会员、餐饮排位、商场活动等功能结合，简洁清晰，无须缓存，速度很快。

我在商场里面待了两个小时左右，全程人潮涌动，行人络绎不绝。

然而，转折点来了。在消费升级的当下，如何让入驻的商家有更多的收入？让商家后端的整个供应链企业都赚到钱？如何通过新技术新产品创造核心吸引力让顾客有更好的体验并为之买单？这是以长沙 IFS 为代表的所有商场都正在面对和必须解决的问题。

亚马逊的自我求变之路

现在 5G 和 AI 时代已经到来，会给线下零售行业带来极大变革。

我们可以先来讲讲亚马逊，这个全球第二大电商平台，在这两年也开始大规模开设线下实体书店。消息一出，很多人表示不解甚至很肯定地说："这只不过是亚马逊搞的噱头而已！"可事实并非如此，从 2015 年 11 月在公司总部西雅图开出第一家实体书店，到现在已经开出多家。

而亚马逊决定开出自己的线下实体书店，也有足够的理由：随着手机在线阅读 App 的增长，电子书阅读器的销量有所下降。种种原因最终导致的一个结果，就是电子书阅读利润减少，市场份额逐渐缩小。在这种情况下，亚马逊希望通过线下实体店与线上门店取得优势互补。于是，亚马逊线下实体书店就诞生了。

亚马逊除了线下实体书店，给行业带来更大变革和惊喜的是它的无人零售店 Amazon Go。

2018 年 1 月 22 日，Amazon Go 正式向公众开放，这也是亚马逊首个无人零售店。Amazon Go 颠覆了传统零售店、超市的运营模式，使用计算机视觉、深度学习以及传感器融合等技术，彻底跳过了传统收银结账的过程。

前段时间，有一个视频在网上非常火，有个人想检验一把 Amazon Go 到底能不能够识别出他偷偷拿的东西。他来到 Amazon Go 的一个店里面，把一些小物品偷偷藏在自己的衣帽鞋袜里，结果当他溜出来后，一看信用卡，发现所有商品全部被一一列出了清单，而且完成了自动扣款，这令他吃惊不已。

其实这个购物过程用到的是 AI 相关技术。首先是边缘计算，当你进入到店面的时候，通过高清摄像头，你个人的相关数据被快速读取。接着又运用云计算技术对既有数据进行分析，并自动关联到你的个人账户。当你从货架上取下商品时，传感技术又能让每一件商品自动进入你在云端的购物车里，商品信息和价格自动读取关联，最后结算，完成自动扣款。

Amazon Go 也是新零售的典型代表，以前的所有零售店都需要有服务员来引导，同时完成结算，未来完全不需要了，这恰恰是未来新零售发展的一个方向。

5G 给新零售带来的变革

5G 技术未来必将给新零售带来一些新的改变和提升。例如 VR 技术，还是以刚才买衬衣为例子，以前我必须要去线下购买衬衣，以后完全可以通过戴上一个 VR 设备来试穿，输入自己的身体参数，你就可以看到自己穿这件衣服的 720 度试穿效果。

当然，如果你还是希望到线下体验，AR 就可以帮到你，它会将虚拟和现实完全融合起来。例如你来到一个实体店里，你很难想象自己穿上这件衣服以后在不同的场景效果是怎样的。这时，你戴上 AR 眼镜后，相关设备会提前扫描你的身高、三围等相关体征数据，然后在一个虚拟世界里构建并呈现现实中的穿衣场景，供你做出选择。

比如你可以穿上这件衣服，体验开会的场景，或者家庭休闲的场景，或者商务洽谈的场景，还有参加酒会的场景，你还可以切换查看不同颜色在不同场合下的效果差异，这个体验真的是非常棒，相当于你再也不用担心这件衣服会在某些特定场合不适用。

同时，对于新零售的商家来说，5G 和 AI 的技术对现有服务也是一个极大的升级改造，例如很多互联网产品拥有海量线上数据，但用户在线下的数据部分是缺失的，未来通过新零售 5G+ AI 的技术，就能够拿到线下用户的数据，同样是卖衬衣，得出来的分析结果却是不一样的。

例如 Ermenegildo Zegna 在线下的某个门店，门口陈列了一件衬衣，驻足看的人有 1000 人，但却只有 10 个人选择了购买，那说明什么？说明这件衬衣的位置很好，但可能价格、款式不太符合这类用户的需求。又如 Armani，他们的数据反馈，只有 100 个人驻足看了这件衬衣，却有 50 个人选择了购买，那就说明这个位置可能不是特别好，但款式和价格符合这类用户需求。

同样，结合 AI 人脸识别技术，还能对用户进行精准分析。假设两个男装店面之间数据可以进行关联分析，那就能从数据看到，到底有多少人去看了 Ermenegildo Zegna 衬衣，然后又看了 Armani 衬衣，最后在谁家购买了。这对于零售商家来说，真是一个非常宝贵的数据，就有点像一个 AI 大脑来指挥商家进行精细化管理和营销。

打造 5G 数字商场，构建 5G 智慧运营

最后总结一下，我给新零售设计的整体解决方案是：打造 5G 数字商场，构建 5G 智慧运营。包括 5G 数字 AI 大脑、5G 数字体验、5G 数字展示、5G 数字供应链、5G 数字商管、5G 商业大数据系统等六大系统。

1. 5G 数字 AI 大脑

打造一个商场数字 AI 大脑，包括管理、营销、体验、服务四大体系，让供应链、商场、销售、运营全流程一切数字化。AI 大脑中台控制商场管理的所有系统，前台提供面向 B 端和 C 端的所有应用，后台提供强大的算力和算法。

2. 5G 数字体验

例如用户一到商场，数字采集器就会通过用户全身扫描，获取到用户身体等所有数据，再比对用户的历史消费数据，自动给用户推荐合适的当季流行款式；如果该用户还没有历史消费数据，就会根据用户的体型数据，由数据后台的服装设计师自动给用户匹配和推荐合适的款式，再引导用户到商家柜台体验。

3. 5G 数字展示

现在商城的物理空间是有限的,但网络空间是无限的。商家的展示柜台也会智能化和可移动化,例如衣服可通过智能化 720 度循环流动展示。甚至商场空间不再展示衣服等实物,而是通过 LED 大屏、AR、全息等来展示实物,顾客也可以自由挑选款式和颜色以及不同的搭配。

4. 5G 数字供应链

所有商品从生产、运输到销售,一切数字化,可追溯可监管,全流程可视化。

5. 5G 数字商管

打通商场所有内部管理系统,打通面向 B 端服务和面向 C 端应用的所有系统,包括:ERP、CRM、OA、财务系统、积分商城等。

6. 5G 大数据系统

采集商场、商家、顾客三大角色的管理、营销、体验、服务的全流程数据,基于 5G、AI、物联网、云计算等技术,帮助商场做到精细化管理、精准化营销、极致化体验、人性化服务。

5G 带来的是万物互联,而万物互联的意义不仅在于连接人和物品,更是为了通过人和物品的连接,获取多维度的信息与数据,并通过智能分析,为用户提供个性化的服务。5G 作为新零售的赋能者,增强了"商场、商家、用户"三者之间的协同关系,也提升了整个零售行业的精细化运营、管理、营销和服务水平，提高了效率。因此，随着物联网与5G、大数据、AI等新兴技术的不断融合，软硬件和商业模式的创新正在为传统零售业带来全新的想象和无限机遇。

环保：5G时代，智慧环保将还我们青山绿水、碧海蓝天

作为一个80后，自小在乡间原野里奔跑，在绿水青山里肆意，从来没想过生命奔流绿意盎然的土地有一天会与污染扯上关系，也不曾想过畅快无比大口呼吸的空气、美味甘甜取之不尽的山泉水，有一天可能会成为人们生病的源头，直到走出家乡接触大千世界后，才开始对"环境污染"有了关注。

影响我对环境污染认知的，有一个人不得不提，那就是柴静。2003年，还在学校的我，读到她的畅销书《看见》，她在书中对山西煤矿开发造成的环境污染问题进行了深入的剖析，看完后我很震惊，怎么会这样？

确实是"孩子心性"，我在雪峰山下蔡锷故里山清水秀、人杰地灵的小县城湖南洞口长大，初到北方，看到高原横断、大漠孤烟、漫天黄沙也满怀好奇。这或许是年轻人走出故乡，对未知事物的憧憬与探寻所致，

但我相信柴静打开了很多人对于环境污染认知的大门，开始关注我们周遭的一草一木、一山一水。

当然，21世纪初期工业生产引发的大规模污染、雾霾等，这几年已经得到有效的治理，不仅是山西、北京，也包括我的家乡，环境都在变得更好。

从更宏观的角度来看环境保护，目前我们仍然存在很多现实性难题，包括全球气候变暖、臭氧层破坏、酸雨蔓延、森林锐减、土地沙漠化、海洋污染……地球是我们赖以生存的家园，未来越来越发达的科技，将帮助我们更好地保护地球。因此，基于5G技术的智慧环保将大有可为。

5G可实现对水、大气、土壤等环境的实时监测和管理

人的生存离不开三样东西：水、大气、土壤，这三者构成了我们生活的环境，在日常生活中对这三大方面的污染也更容易被我们感知。

无论是煤炭大省山西曾经面临的水质污染，还是九省通衢的湖北曾经面临过的土壤污染，亦或是北京雾霾等空气污染，如果我们曾经的环境实时监测与管理能更有效，也许情况会大有不同。

以大气污染为例，现如今，网格化监测系统已成为大气环境质量控制的利器之一，它主要是通过在气象监测站点内安装PM2.5传感器、粉尘颗粒监测传感器等多种气体环境监测传感器，来实现对大气微环境

的综合、实时监测。

但由于目前的传感器本身存在固有的缺陷，如受温度、湿度、交叉气体干扰，而且传感器铺设面也较窄，所以监测数据的准确性和海量样本数据很难保证。5G 所带来的万物互联正是基于无所不在的传感设施和设备，采集大量监测样本，并快速处理分析，因此，未来通过传感技术实现环境监测的深度和广度都会同步增加，从而建立更为可靠的监测体系。

又比如当前快速传播、影响广泛的非洲猪瘟疫情，实际上也是一种病毒污染，这种病毒通过饲料、水，甚至空气传播，防不胜防。我国是养猪及猪肉消费大国，生猪出栏量以及猪肉消费量均占全球一半左右，加上国内的养殖环境比较复杂，监测生猪每天的水质、空气，养殖户们根本无从下手，而且在饲料的跨境运输中，相关部门又极少进行病毒存活性评估。

从 2018 年 8 月至今，全国各省份几乎无一幸免，都遭到了非洲猪瘟疫情的影响，大量感染生猪被活活掩埋。面对如此大规模的疫情，场内场外的生物安全控制尤为重要，不幸的是，在现如今的技术条件下，我们很难做到有效防控。而在未来的 5G 时代，这样的细菌病毒泛滥将不再发生，因为海量的传感监测能有效预警，一旦发现病毒携带体，立即可以启动智能处理方案，确保疫情在可控范围之内。

除了水、空气，更完善的土壤监测机制也至关重要。可能很多人觉得土壤污染并不像大气、水、固体废弃物污染那样直观地反映在人眼中,但是土壤污染的危害性远超于它们。举个例子,由于工业污染,2017年前后河南省多个地市曾被先后曝光麦地"镉"含量严重超标,同样的问题在其他省份也出现过,水稻田上大规模种植烟草,结果造成大量的土壤板结和"磷"超标。这意味着我们吃到嘴里的每一粒米饭、每一根面条,都有可能对身体造成伤害。

无人机用于土壤监测

凡事预则立,不预则废。在生态环境保护这场持久战中,我们首先应该做到的是对环境有全方位的了解,良好的监测技术是必要手段。5G由于具有传输速度快、低时延的特点,当它与先进的信息技术结合时,我们有望通过远程操控机器、监控供应链以及与外部系统通信等方式,大幅度提升监测器和传感器的效率,实现对环境的实时监测和管理。

环保机器人,快速清理污染物

受前几年雾霾的影响,如今,旨在清除室内空气污染物(一般包括粉尘、花粉、异味、甲醛之类的装修污染、细菌、过敏原等),有效提高空气清洁度的净化器或新风系统,已经走进了千家万户。

尤其是在房子装修之后,为了尽快去除甲醛和家具气味,出于健康方面的考虑,特别是家里有老人和小孩的,基本上都会考虑购置家用空气净化器,或者专门的除甲醛设备。在一些通风效果不太好的家庭,安装新风系统的也不在少数。放置在汽车内的车用净化器,也越来越受到年轻车主们的青睐。

家用空气净化设备,智能识别,自动净化

这类设备有一个共同的特点,那就是自动监测室内环境,一旦发现异常或某种物质超标,会自动启动处理系统,或换气,或净化,甚至给主人提供报警。这些都是环境智能处理在我们日常生活中的应用。只是在 4G 环境下,处理内容还是过于单一,且独立工作,与家庭场景内的其他设备,甚至家庭外基本没有连接,所以产品体验较差,或沦为摆设,或成为"鸡肋"。

5G 结合 AI 技术,不仅在我们的家庭环境能全方位进行监测和智能化处理,在工业应用和城市建设领域也将发挥更大的作用。比如智能环保机器人,当监测器发现污染源位置,就可以使用 5G 将定位快速同步给污染源附近的环保机器人,环保机器人就能自动前往污染源的所在地进行处理。这样不仅能及时阻止环境污染,还能抓捕一些破坏环境的不法分子,可以说非常方便了。

AI 垃圾分类

再比如,在一些环境恶劣的情况下,机器人或者无人机可以代替人们去从事一些必要的环境处理工作。比如 2011 年日本福岛因海啸衍生核灾,由于现场辐射量远高于人体可以承受的水准,机器人在现场调查和事故清理中，起到了不可替代的作用，日本也由此启动了环保机器人研发项目。还比如在一些自然景观景区内，总会有断崖、峭壁、深谷一类的地方容易遗留垃圾，这些垃圾的清理难度很大，景区工作人员即使身系安全绳也依然存在危险。这种情况下，环保机器人尤其能发挥作用。

未来，类似这样的环保处理机器人，甚至是智能垃圾箱等产品会越来越多，它们不仅服务于城市公共环境建设，更会走进我们的小区、家庭、学校、办公大楼、医院，成为我们生活环境建设的日常小助手。

济宁环保大数据，环保 AIot 的实际应用场景

"人法地、地法天、天法道、道法自然。"在《道德经》中，老子十分精辟地阐述了天、地、人乃至整个宇宙的生命规律，十几个字就揭示了万事万物都应该效法遵循的规律。当我们面对环境治理难题时，老子讲述的道理越发显示出了它的指导意义。

全方位环境监测，智能处理，预先布置在环境中的智能传感设备 AIoT 已经收集到了大量数据，而这些数据只有利用起来才有价值。如何利用？基于 AI 深度学习的大数据分析，以及边缘计算技术，建立环保数据模型，并持续打磨，不断强化，将处理结果和指令下达给各个终端。整个数据模型构架过程，又可以在世界范围内快速共享，大数据像滚雪球一样越滚越大，又反哺给 AI 分析，如此良性循环，大大提升了环保工作的质量与效率。

这是一个利用数据改善效果的完美闭环，流程化的处理方式意味着效率和效果的双重保障。其中，5G是一张无形的大网，将高清视频、虚拟现实、物联网、自动驾驶、无人机等技术串联起来，它们在生态环境保护中各自发挥作用、施展拳脚！

山东济宁，原来是一个矿业城市，污染也比较严重，但如今，它们搭建了完善的环保大数据平台，加上网格化监测系统，以及其他一系列环保政策和信息化手段，最后济宁的环境状况从全省的倒数排进了前两名。

以其中一个小应用为例，济宁黑渣土场一度盛行，它们或藏身山林，或明目张胆设在路边，体量巨大，不仅破坏生态环境，给居民生产生活带来安全隐患，而且滋生出一系列社会问题。对此，济宁一方面建立了AI货箱监控识别系统，智能监控并识别货箱装载状态（满载、空载、半载），有效解决渣土车撒漏问题；另一方面，还利用AI的实时影像识别和视觉检测，快速识别出渣土堆、固体废弃物堆。这个应用在未来5G普及后还有极大的深化空间，将在环境监测方面提供更多解决路径。

有线改无线，5G更低碳节能

5G在环保工作中担任着重要的角色，然而5G本身节能吗？相对于4G，5G在速度、延迟、容量上有着飞跃性的提升，很多人可能会认为，5G基站需要消耗大量能源才能驱动，而且5G基站的数量庞大，基站辐射问题未来一定是重大的社会问题。

其实，当 5G 普及后，人们可能用 5G 替代有线上网，这时候企业就会把数据中心迁移至云端，手机甚至可能会取代电脑，在同样的应用规模下，5G 基站的总能耗相比宽带设备反而更加少了。

5G，不仅改变了网速或娱乐方式，还成为改变世界的重大推力，如何运用新兴科技带动环保工作的进步，值得期待。

最后，我想说的是，当下我们常常习惯于诉说环境的不美好，但其实我们可能也是不美好的始作俑者。大概人是不能总停留在对美好的遐想中，多想想自己的责任以及实际的行动。个人力量虽然弱小，但微光前行，也是一种极大的力量。保护环境，我们每个人都有责任。

待到梦圆，解甲归田，执子之手，放牧春天。——这是我读书时写过的几句话，我相信在不久的将来，智慧环保将还我们一个青山绿水、碧海蓝天的世界。

无人机:从电影《烈火英雄》和《上海堡垒》看 5G 结合无人机的创新应用

2019 年 8 月有两部电影很火,一部是《烈火英雄》,一部是《上海堡垒》。《烈火英雄》很火是因为电影拍得好,《上海堡垒》火是因为电影拍得不好。从这两部电影中,我们也能看到无人机结合 5G 与 AI 的创新应用。

为电影《烈火英雄》反映出来的一些应急管理问题着急

说实话,看完《烈火英雄》,为电影反映出来的一些应急管理问题着急,城市应急处理大脑的建设很有必要。《烈火英雄》电影一开篇,就进入了闹市街边一个火锅店突发严重火灾的场景,黄晓明饰演的消防队队长江立伟,需要带领队员们快速完成救人和灭火的紧急任务。

首先是救人,因为现场有个叫财财的小女生被困在了失火大楼的某间房里面，江立伟带着一个队员冲进了里面，利用自己的经验判断，快速找到了财财，并把她安全救出。

《烈火英雄》电影片段，未来无人机将有效减少消防员伤亡

这个情节其实有很大的改进空间，比如利用无人机载雷达生命探测搜救系统，快速识别出财财的位置。定位以后，消防员快速抵达目的地，就可以救出被困的财财。在火灾现场，时间非常宝贵，为拯救生命，消防员往往都是争分夺秒行动。利用科技辅助手段，既能节约救援时间，被困人员和消防员本身也有了更多的安全保障。

由于缺乏足够的科技辅助手段，接下来的情节中，消防员便以惨烈的牺牲为此付出了代价。财财被救出后，现场火势也得到了有效控制，于是一支两人组的消防小队被派进现场进行收尾工作。结果一个消防官兵在检查一间屋子的角落时，里头虽然异常安静，但危险却已经悄然而至。带着疑惑与猜测,他轻轻走了过去,没想到里头是一屋子煤气罐。他还来不及思索和逃离,一个火苗星子瞬间就引爆了这些煤气罐,这名消防员当场牺牲。

这件事在消防部门内部被定义为一起消防事故,消防队队长因此被撤职,也因此留下极大的心理创伤,以至于很长一段时间都未能走出阴影。

5G+AI+无人机,将极大提升应急指挥效率

我们可以试想一下,利用 5G 和 AI 技术,是否可以避免这样的悲剧发生?

大量无人机投入城市管理

无人机先于消防员，对整栋大楼提前进行扫描，对温度进行实时监测，形成热成像全景图，对异常情况进行实时指挥，如果某一处的温度持续在飙涨，那就说明危险警报还未解除，仍有二次爆炸的可能。

这时候，结合热成像数据，判断面积有多大，结合周边环境，及时做出二次扑救计划与必要的人员疏散，而不是在不知情的情况下，安排消防员贴身肉搏。尽管根据经验判断，火势已经得到基本控制，但任何人的生命都只有一次，这种赌局，我们一次都输不起。因此，消防无人机专用设备的引入，一定可以更有效地保障消防官兵们的安全。

在影片中对港口油罐区爆炸危机处理中，也有类似的情节。在救援中，因为不了解现场情况，以及罐区负责人一而再，再而三地隐瞒，导致险情持续加剧。最后发现，油罐一旦引爆，相当于20颗原子弹爆炸的当量，整座城市将被夷为平地。这是多么可怕的局面，连书记都来到了现场亲自指挥。

可是你会发现，电影里，整个消防指挥系统是有问题的，为什么？爆炸地点周围还有多少油罐，多远处有多少危险化学物品，指挥中心只能根据罐区负责人的介绍与已有的单方面资料来判断，缺乏足够的客观证据和佐证手段。

为了防止连续引爆，需要快速关闭油罐间传送管道的阀门。为此，江立伟一方面带领另一个消防官兵，负责前往核心燃烧点外围，试图关闭阀门。另一方面，杜江饰演的中队长马卫国带领另一拨人，在最危险的化学物品罐区的墙根底下严防死守，以防止油罐区的火势蔓延到化学物品区。他们分别通过对讲系统与指挥中心取得联系。

我们常常说，人类身躯在火灾面前是极其渺小而无力的，尤其是在油罐区这样大规模和复杂的火势面前，空间距离本身就是一堵难以跨越的墙，人的视野和能力是极其有限的，更何况还有火势的阻隔。

无人机挂载红外热成像测温系统，利用5G网络快速传输红外视频，并且将测量出的温度信息实时叠加到红外视频上，非常适用于重要场所监控、智能温度灰度预警、火灾检测、石油管道巡检等领域。

在电影中所表现的极限环境下，我们的消防指挥中心需要掌握第一手实时信息。除了依靠相关经验和专家建议，更重要的是有一套能客观且自主运行的信息系统。5G+AI+无人机在消防领域的综合应用，将是资源协调、人员调度、策略决策的重要依据，也是整个消防系统有机运行的有效保障。

在《烈火英雄》中还有一幕镜头，是直升机在油罐顶部及周围投撒泡沫干粉，但由于火势又大又多变，直升机失控了。其实利用无人驾驶技术，加上5G网络，在这种情况下，是不需要消防员以身犯险的，完全可以通过大量无人机就可以搞定，有效减少人员伤亡。

甚至，我们可以设想下，在科技如此发达的今天，我们完全可以通过人工降雨技术，请来东海龙王"多打几个喷嚏"，带来一场持续性的大降水，就可以将肆虐的大火直接扑灭。

《上海堡垒》，无人机自行编队，对抗外星人

讲完《烈火英雄》，我们再说说《上海堡垒》。

这是一部科幻片，讲的是2035年外星黑暗势力突袭地球，企图夺取人类赖以生存的能源宝藏，能源所在的地球重镇依次遭到重创。国家的边界被打破，各国精英组建联合军队，人类团结一致抵抗外星侵略者，在所剩无几的能源城市建立名为"泡防御"的能量堡垒以抵御外星人的进攻。

故事里用到了大量无人机，一大片成队列组合的无人机跟外星人作战的场面，做得还是非常壮观的。片中没有讲到具体的技术原理，只介绍说，通过少数人的远程控制，并让无人机与人类驾驶的飞机配合作战，实现歼敌目的。现在看来，这样的场景似乎有点"科幻"了。但在5G时代到来后，结合AI相关应用，无人机完全可以直接面对外星人，自行编队、判断并进行射击。

电影《上海堡垒》中的无人机特效

特别值得一提的是，片中的无人机控制团队，是以鹿晗饰演的年轻军官为代表新组建的，都没上战场打过仗，他们怎么就比老军官更有战斗力呢？原因是这样的：随着无人机技术的蓬勃发展，无人机的操作员其实并非要从空军退役的飞行员中挑选。因为无人机和有人机的飞行是有很大差别的，有人机的驾驶经验反而会对操控无人机造成误判，而一张白纸的年轻人由于从小接触电玩游戏，更加适合这种屏幕操控的方式。

无人机的发展，为什么需要 5G？

那么，在 4G 背景之下，无人机的一些技术已经相对比较成熟了，为什么还需要 5G？

5G 有三大特点：大带宽、广连接、低时延。大带宽就说明它能够快速传输大流量的信号，特别是在视频传输方面。正如在上面提到的《烈火英雄》片段，在大规模的火灾面前，无人机挂载红外热成像测温系统，需要实时回传视频和数据给指挥中心，传输的速度是非常关键的。同样，在无人机参与作战中，情况更为复杂，实时性要求更高，而且无人机与无人机之间的战略协作和配合更多，中间会有大量数据需要快速连接，5G 在这方面表现抢眼。

未来的战争，是信息化的战争，是一种充分利用信息资源并依赖于信息指挥的战争。这种信息能力不仅体现在以信息技术为主导的武器装备系统、防御系统上，也体现在信息高速公路、C4ISR 系统、精确制导弹药、太空兵器、智能部队，以及具有高技术、高知识、高素质的信息人才上。

　　AI 大脑很有可能会成为未来信息化战争的主宰者。战争的筹划和组织指挥，已从完全以人为主发展到现在日益依赖技术手段的人机结合。从信息优势的争夺到最终转化为决策优势，需要更多的是指挥者的判断和智慧。在这方面，未来 AI 大脑大概率会超过人类大脑。

社区：5G+AIoT，重新定义社区未来人居生活

如此奇妙，一个时代，就像一场流光溢彩的幻夜派对。舞姿轻盈，脚步灵动，身处其中的我们，谁也不知道下一个瞬间将会发生什么，也许是未知的惊喜，也许是突然的挑战，也许只是华丽如舞台上片刻的高光时刻。

从智能家居，到智慧社区，再到智慧城市，这个时代正在用科技的力量，制造城市里的惊喜与感动瞬间，突破传统人居生活的一成不变。5G 商用以后，从政府到企业，从企业到个人，从上到下，智慧社区产业链的每个角色都在专注于更好的连接、更美的生活。

我们国家的城镇常住人口有 8.3 亿人以上，社区组织超过 39.3 万个。按照国家相关部委的严格要求，我国要在 2020 年实现智慧社区 50% 的覆盖。如果说智慧城市是基本面，那么智慧社区就是构成这些面的点，没有点也就没有面，智慧社区是发展智慧城市的关键内容之一。

作为一种全新社区运营形态，智慧社区的核心，是利用前沿科技为

社区居民提供一个安全、便利的生活环境；为公安等政府部门提供人口信息等业务支持；为物业提供更科学、便捷的社区管理途径。

虽然"智慧社区"的名词由来已久，但真正从概念走向实用，应该要从 2019 年 5G 网络正式商用开始算起。经过前几年互联网 + 的洗礼，各种创新应用不断实践和摸索，加之 AIoT（AI+IoT）技术的日趋成熟，5G 点燃了智慧社区的建设热潮。不仅北京、上海、广州、深圳等一线城市，南京、长沙、银川、成都等省会城市，甚至邵阳、衡阳、绵阳这样的地级市，都相继推出了 5G 智慧社区的标杆案例。

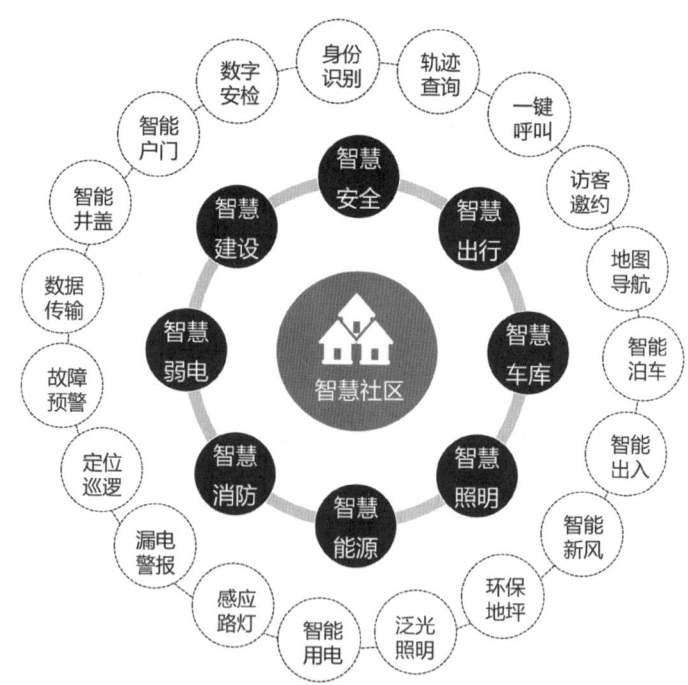

智慧社区需要跨部门跨系统协同工作

从新闻报道可以看出，高清探头无感识别车辆，业主刷脸进闸，陌生面孔告警，垃圾桶自动压缩、出现满溢自动提醒，井盖发生位移自动报警，VR眼镜720度全景看房，70岁以上老人24小时不出门自动提醒社区工作人员上门问候……这些前几年还叹为观止的商业构想，如今都已经变得稀松平常，随处可见。

而且，随着科技的进步，智慧社区覆盖的范围还在快速延伸，从部署单一的智能设备或软件，正在向覆盖智能建筑、智能家居、智能消防、视频监控、健康医疗、智能教育、物业管理、数字生活、能耗管理等诸多领域的系统化深度应用演进。这一切，都要归功于5G时代的到来。那么，未来的智慧社区将从哪些维度影响我们的生活呢？

多组网并行

4G时代，很多企业和政府机构一直试图改变最后一公里的生活，但实际体验提升收效甚微，为什么？因为智慧社区不是单一的项目，而是一个系统性的服务，牵一发而动全身。从底层的设备铺设，到信息传输，到中间的大数据分析计算，再到我们看得见的各项实际业务应用，没有一个庞大的网络结构支撑，很难形成有机合体。

5G智慧社区时代，是高水平的硬件连接协作，海量的物联网设备同时运行在5G高速网络中，所以说5G打造的基础网络非常重要。目前，国内运营商已经将"5G+光网"双千兆网络作为目标反复提及，它既包括毫米级的无线蜂窝网络，也包括现在已经普及未来还将升级的有线光纤宽带网络。

4G 时代，我们铺设了大量光纤网络，光纤宽带入户现在已经大规模普及，成本也控制在非常合理的位置。成本有多低？有个段子是这么说的，1 公里光纤铺设成本只需 40 元，比同等长度的面条还便宜。那么，无线网络升级的同时，千兆光纤性能也在不断提升，所以，有线光纤网络，仍旧是未来智慧社区的有效支撑。

无线方面，5G 网络无论是下载速度，还是网络时延，都可以和当下的有线光纤媲美，被称为另一个千兆网络。5G 有多快，我们看看 2019 年 7 月打造的 5G+AIoT 智慧社区——北京志强北园小区就知道。报道称，小区以前使用 100 兆带宽，只能同步接入 4 路监控摄像头，画面还经常出现卡顿；引入 5G 网络后，目前小区已经具备超过 30 路摄像头同时接入的能力，画面清晰流畅。

多应用融合

"5G+ 光网"的双千兆网络，让智慧社区的应用有了更大的想象空间。弱电、消防、能源、安全、车库、卫生、照明、出行、建筑、健康、便民、能源、环境、养老等内容，都将因为 5G 网络、物联网、大数据、云计算、AI、区块链等新技术的加持，成为一个有机互联的整体。社区管理从"粗放型"向"精细化"转变，业务模块从"单一作战、单向传输"，向"联合协同、双向传输"转变，真正实现以人为本的人居新体验。

这里我们举例来看看5G智慧社区的一天：早上出门时，家里的电视机、空调、灯光自动关闭进入休息模式，安防系统开启，进入布防状态，电梯自动识别你的业主身份，将你带到地下停车场，车库太大，找不到车？没关系，一键定位与导航，驱车出小区，停车场自动识别车辆，主动为你抬起车杆，并祝你出行顺利。

你在外面，最挂念的就是家里的老人、孩子、孕妇。一旦家人有突发情况，一键点击社区救助按钮，医护人员及时上门帮助，甚至是孩子打疫苗这件事，也可以提前提醒，并帮你预约。另外，如果朋友亲戚到访，你通过移动端提前发送门禁授权，为他打开单元门，甚至发送家里智能门锁的临时密码，就可以减少友人在门外等候的尴尬。

如果家里没人，水管、设备故障，会自动启动报警机制给物业公司，你授权门禁后，专业人员会第一时间上门处理，为你排忧解难。

下班驱车回家，车和人快速无感识别，预留停车位，快速入库。电梯感应，家门口已经放好了你们社区团购的有机蔬菜，大白菜新鲜嫩绿，海鲜还活蹦乱跳。刷脸进了家门，老人告诉你，今天小区医护人员已经上门为他做了例行体检，血糖正常血压稳定；孩子告诉你，你给他网购的万圣节南瓜灯很好玩，待会儿要跟小伙伴们组团去"捣蛋"；妻子告诉你，家庭健康助手显示，最近天气干燥，而且发现你手指有点脱皮，给你准备了维生素C片。

整个过程中，场景在不断切换，对象在不断变换，5G网络让这一切始终处于不间断的连接当中。泛在线的智能感知管理，将门禁、电梯、车辆等感知应用进行有效融合，大数据处理，让海量数据实时上传，并输出分析结果，给我们及时有效的生活建议。总而言之，这一天，美好而幸福。

多形态交互

5G时代的智慧社区，物联网（IoT）让社区更大程度地实现信息化、数字化；AI让社区更加智能、聪明。信息化和智能化，交互形成了一个新型的社区形态。

物联网让社区的每个"节点"线上化，包括每一条道路、每一个灯杆、每一个井盖、每一个垃圾桶、每一棵绿植，让它们持续产生数据。如果每比特数据都需要传到后台运算、分析，哪怕是超大带宽的5G网络，也会变得反应迟钝，因为数据量太大了。所以这些"节点"并不是简单地收集数据，而是必须实时计算和分析。

AI具备深度学习的能力，可以通过精确算法加速物联网的应用落地，而且AI本身，也需要物联网给它提供源源不断的数据。数据库越大，优质的数据越多，它的学习效能就能最大化。所以越来越多的行业及应用，都将AI与IoT结合在一起，形成"AIoT"，同样地，在智慧社区领域，AIoT也为社区的智能化升级提供了最佳通道。

就拿人脸识别来说，在4G环境下，社区门禁的人脸识别速度慢，而且需要靠近镜头，用起来还是不够方便。5G社区里，依托超高速率，高清摄像头可以多角度实时解锁,让业主到门口的同时,门禁就自动打开,即便戴个口罩,只拍到眼睛,也能准确识别人员信息。

在北京志强北园小区,与5G网络配套的高清探头,能抓拍到的范围和画面质量也大幅提高。过去一辆车跑出去20米,可能就看不清楚了,现在跑出去100米,仍然能清晰地识别车辆信息。这就是5G的好处,以及AI技术带来的方便。

多角色共生

如果说智慧社区是智慧城市的迷你版,那么我们也必须考虑这里面的角色分工和价值传递。毕竟社区涉及跨部门协作,IoT、安防、AI、大数据等内容应有尽有,结构冗杂,构建一种多角色共生的社区生态,变得更加紧迫。而这也是智慧社区长时间较难落地的原因之一,毕竟小型技术服务商无力应对这么复杂的业务关系,大型集成商在社区这个领域深耕的难度也不小。

从业主的角度来说,智慧社区能够改变我们的日常行为方式,包括生活、学习、娱乐,等等。我们期待5G+AIoT能将整个社区连接成一个整体,通过技术赋能,让自己的生活变得更加智慧化、人性化、便捷化,让生活更舒适,更安全,更幸福。

从物业公司的角度来说,面对人工成本高涨,消费升级,业主需求在发生着变化等现状,物业公司希望通过资源整合、信息化手段,实现员工和组织系统的高效运行，从而减少管理支出，提高经营收益。他们期待 5G+AIoT 能打造出另一种更具商业价值的物业管理模式，让社区管理变得更高效，业主满意度更高。

从政府管理者角度来说，政务管理、治安管理、房屋租赁管理始终是日常工作的难点。特别是一线、超一线城市，流动人口大，房屋租赁多，要实现信息畅通、管理有序，也需要 5G+AIoT 的赋能，让政务管理跟社区无缝连接，加快电子政务的横向延伸，充分保障流动人口安全的同时，提升政府的办事效率和服务能力。

从社区商户的角度来说，如何精准找到客户，并与客户建立起有效的连接，智慧社区是理想的营销场景。他们也期待 5G+AIoT 能进一步丰富渠道，让他们的营销推广更贴近用户，更有成效。

从城市规划者的角度来说，社区是点，城市就是面，无数个联结起来的点，才能形成完整的面，只有将社区数字化、智能化武装到了每一个细节，城市才能足够智能。

在中国，智慧社区还在发展中，生活正在向智慧的方向做着一点一点的改变，5G+AIoT 的赋能，有望增强我们对社区的归属感和认同感，形成业主、物业、商家、政府、城市，全面参与互动、共生共荣、相互促进的关系。

多模式建设

前面说到，智慧社区是一个系统性的服务工程，建设难度大，投资大。5G 时代虽然已经到来，物联网、AI 技术也在持续发展，但要实现 2020 年智慧社区 50% 的覆盖目标，需要多方共同参与建设，才能推动智慧社区的繁荣发展。

目前已经建成的智慧社区运营模式，大体上可以分成三种类型：政府主导型、政企合作型以及企业主导型。

政府主导型，更多体现在初期阶段，为了树立样板，由政府牵头组织建设、运营以及服务。这类社区通常为了响应国家社区信息化建设和创新社会管理的政策引导，强调社会管理的规范化、信息化。比如 2019 年 3 月河北省就发布了《2019 年全省老旧小区改造工程实施方案》，政府主导，居民参与，调动居民参与老旧小区改造提升全过程。

政企合作型，是集中政府与社会资源共同投资、规划以及建设，最终由企业运营。

深圳 5G 智慧社区——南光社区，于 2019 年 7 月完成第一阶段改造，包含环境治理、停车位优化、监控系统设置等。第二阶段将利用 5G 技术，部署安防、监控、门禁、交通管理、社区服务等相关的智慧系统。虽尚未最终完成，但由内而外大变模样的南光社区已经成为广东乃至全国社区生活质量改造的新标杆和新样板。深圳市打破政府主导的传统思路，积极引入社会力量，政府仅投资 2000 多万元，引入社会投资超过 1

亿元，社会投资占比达到 80% 以上。

智慧社区的美好生活需要我们每个人积极参与

企业主导型，通常由地产商、通信企业、互联网公司与物业公司多方合作，发挥各自的优势进行智慧社区建设，注重社区未来的盈利。万达、万科、恒大、华润、保利、宝能、铜锣湾等地产公司，中兴、腾讯、平安、华为等科技公司都在涉足智慧社区，而且方案成熟，落地高效，商业模式清晰，是目前最普遍的运营模式。

政府的积极推动，已经为智慧社区的发展奠定了很好的基础，取得了大量的成果。但由于前期缺乏社会力量的积极参与，导致了大量的数据和系统被闲置，造成了极大的浪费。5G 到来以后，智慧社区正成为一片新的蓝海，吸引着嗅觉灵敏的资本市场。AIot 技术逐渐渗透以后，我们有理由期待，在科技浪潮奔涌向前的未来，智慧社区建设项目将快速复制，进而实现规模化落地，真正为我们绘就幸福蓝图，实现人居新体验。